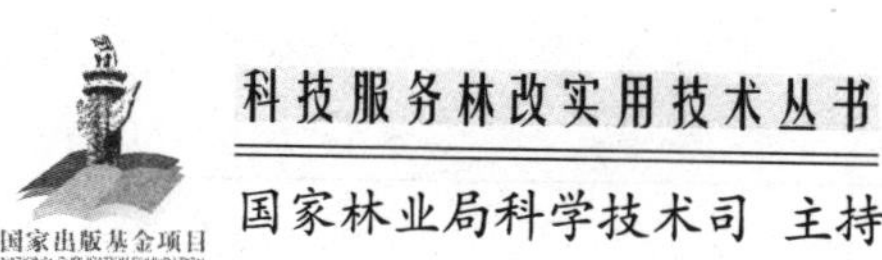

杜仲丰产栽培实用技术

梁宗锁 主编

中国林业出版社

图书在版编目(CIP)数据

杜仲丰产栽培实用技术/梁宗锁主编. —北京:
中国林业出版社, 2011.1
(科技服务林改实用技术丛书)
ISBN 978-7-5038-6070-6

Ⅰ. ①杜… Ⅱ. ①梁… Ⅲ. ①杜仲-栽培
Ⅳ. ①S567

中国版本图书馆 CIP 数据核字(2011)第008553号

责任编辑: 刘家玲 张 锴 周军见

出 版: 中国林业出版社(100009 北京西城区德内大街刘海胡同7号)
E-mail: wildlife_cfph@163.com 电话: (010) 83225764
发 行: 新华书店北京发行所
印 刷: 北京市昌平百善印刷厂
版 次: 2011年3月第1版
印 次: 2011年3月第1次
开 本: 850mm×1168mm 1/32
印 张: 3
字 数: 81千字
印 数: 5000册
定 价: 10.00元

"科技服务林改实用技术"丛书

编辑委员会

《杜仲丰产栽培实用技术》

主　编　梁宗锁
编　委　（以姓氏笔画为序）
于　靖　王　勇　梁宗锁　董娟娥
韩蕊莲

序

我国山区面积占国土面积的69%，山区人口占全国人口的56%，全国76%的贫困人口分布在山区，山区农民脱贫致富已成为建设社会主义新农村的重点和难点。

山区发展，潜力在山，希望在林。全国43亿亩林业用地和4万多个高等物种主要分布在山区。对林地和物种的有效开发利用，既可以获得巨大的生态效益，又可以获得巨大的经济效益。特别是随着经济社会的快速发展和消费结构的变化，林产品以天然绿色的优势备受人们青睐，人们对林产品的需求急剧增长，林产品市场价值不断提升。加快林业发展，发挥山区的优势与潜力，对于促进山区农民脱贫致富，破解"三农"难题，推进新农村建设，建设生态文明，具有十分重大的战略意义。

我国林业蕴藏的巨大潜力之所以长期没有充分发挥出来，重要原因在于经营管理粗放、科技含量低。当前，世界林业发达国家的林业科技贡献率已高达70%～80%，而我国林业科技贡献率仅35.4%。特别是我国林业科技推广工作相对薄弱，大量林业科技成果未被广大林农掌握。加强林业科技推广，把科学技术真正送到广大林农手里，切实运用到具体实践中，已经成为转变林业发展方式、提高林地产出率、增加农民收入的紧迫任务。

实践证明，许多林业科技成果特别是林业实用技术具有易操作、见效快的特点，一旦被林农掌握，就会变成现实生产力，显著提高林产品产量，显著增加林农收入，深受广大林农群众的欢迎。浙江省安吉市的农民在种植竹笋时，通过砻糠覆盖技术，既提早了竹笋上市时间，又提高了竹笋品质，还延长了销售周期，使农民收入大幅增加。我国的油茶过去由于品种老化、经营粗放等原因，每亩产量只有3~5千克，近年来通过推广新品种和新技术，每亩产量提高到30~50千克，效益提高了10倍。据统计，目前我国林业科技成果已有5 000多项，但在较大范围内推广应用的不多。如果将这些林业科技成果推广应用到生产实践中，必将释放出林业的巨大潜力，产生显著的经济效益，为林农群众开拓出更多更好的致富门路。

近年来，国家林业局科学技术司坚持为林农提供高效优质科技服务的宗旨，开展送科技下乡等一系列活动，取得了显著成效。为适应集体林权制度改革的新形势，满足广大林农对林业科技的需求，他们又组织专家编写了“科技服务林改实用技术”丛书，这是一件大好事。这套丛书以实用技术为主，收录了主要用材林、经济林、花卉、竹子、珍贵树种、能源树种的栽培管理以及重大病虫害防治技术。丛书图文并茂、深入浅出、通俗易懂、易于操作，将成为广大林农和基层林业技术人员的得力帮手。

做好林业实用技术推广工作意义重大。希望林业科技部门不断总结经验，紧密围绕林农群众关心的科技问题，继续加强研究和推广工作；希望广大林业科技工作者和科技推广人员，增强全心全意为林农群众服务的责任心和使命感，锐意进取，埋头苦干，不断扩大科技推广成果；希望广大林农群众树立相信科技、依靠科技的意识，努力学科技、用科技，不断提高科技素质，不断增强依靠科技发家致富的本领。我相信，通过各方面共同努力，林业实用技术一定能够发挥独特作用，一定能够为山区经济发展、社会主义新农村建设做出更大贡献。

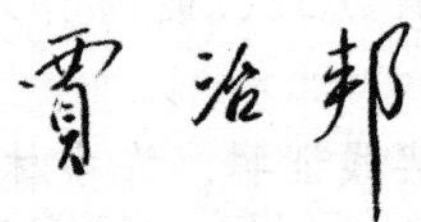

2010年10月

前　言

温家宝总理在全国农村综合改革工作会议上的讲话中曾经指出，“农村改革近30年来，我们迈出了三大步。第一步，实行以家庭承包经营为核心的农村经营体制改革；第二步，实行以农村税费改革为核心的国民收入分配关系改革；第三步，从2006年开始，进入到农村综合改革的新阶段”。三步改革贯穿一条红线，就是保障农民的物质利益，维护农民的民主权利，解放和发展生产力。不失时机地全面推进农村综合改革，为社会主义新农村建设提供体制保障，是历史关节点上巩固改革发展成果、承上启下、继往开来的首要任务。加强“三农”建设，是社会稳定加速经济发展的基础，是全面建设小康社会和社会主义新农村的重要举措。近年来，中共中央连续下发1号文件，强调解决“三农”问题，特别是农民增收和农业生产可持续发展问题。杜仲为我国传统中药材，可为国家大量出口创汇，另外，杜仲皮、花、果中含有丰富的维生素和矿物质，全树除木质部外都含有杜仲胶，可以说是全身是宝，开发利用前景广阔。是一种可以有效为农民增收的经济树种。

杜仲丰产栽培技术成果很多，本手册经过对杜仲优良品种，丰产园、雄花茶园、采叶园、采果园的持续高产、集约化栽培和产品采收、病虫害防治等成果，有针对性地作了简要介绍。目的在于为我国山区及平原地区杜仲生产的发展和农民增收贡献自己的微薄之力。

本书紧密结合生产实际，力求通俗易懂，学以致用，可供经济林科技推广人员和广大农民使用参考。由于水平所限，在编写过程中难免出现错误和疏漏，敬请同行和广大读者批评指正。

编著者

2010年10月

目　录

概　述

杜仲（*Eucommia ulmoides* Oliv.）属杜仲科植物，仅有 1 属 1 种，为我国特有的名贵经济树种，别名思仙、思仲、木棉、玉丝皮、丝棉树、扯丝皮、野桑树等，为多年生落叶乔木，是第四纪冰川运动残留下来的古生树种。

杜仲在我国的水平分布区域大体在秦岭、黄河以南、五岭以北、黄海以西、云贵高原以东，其间基本上是长江中下游流域。分布的省（自治区、直辖市）为：北自甘肃、陕西、山西；南至福建、广东、广西；东迄浙江；西抵四川、云南；中经安徽、湖北、湖南、江西、河南、贵州。杜仲在这些分布区中多半不是全境分布，主要集中在山区。目前，杜仲的野生资源已严重衰竭。鉴于其起源古老，在科学上具有重要的研究价值及利用价值，杜仲已被列为国家重点保护的稀有植物。

杜仲较耐寒，喜温暖湿润的气候，对土壤的适应性强，在酸性土壤（红壤、黄壤）、中性土壤、微碱性土壤及钙质土壤上均能生长，以 pH 值 5 ~ 7.5 的砂壤土为宜。其根系发达，固土能力强，耐干旱、瘠薄，在干旱少雨，土壤贫瘠的丘陵山地、盐碱地均能正常生长，并取得可观的经济效益。特别是在我国中西部大开发及退耕还林过程中，杜仲将发挥经济、社会、生态等综合效益，并将成为黄河中上游、长江上游地区具有广泛市场前景的生态经济型绿色产业。

由于杜仲皮具有很高的医疗保健价值，为我国传统中药材，可为国家大量出口创汇，所以建国初期我国政府对发展杜仲极为重视，由林业和医药部门联合组织群众大力栽植杜仲，在我国杜仲原产地的贵州、四川及湖南等地的山区大力栽植，并重点在贵州的遵义、湖南的江垭和江浦等地专门建立了杜仲林场。至20世纪80年代初，我国杜仲林种植面积已达3万余公顷。国内外相关专家对杜仲叶的医疗保健作用进行系统的研究后证明其与杜仲皮具有同等或相似的药用效果。而杜仲叶在抗疲劳、抗衰老、增加冠状动脉血流量等方面效果更佳。国内有关厂家已用杜仲叶制成10多种保健品，部分产品已远销日本、韩国、加拿大、德国、美国等国家，以及东南亚和港、澳、台等地区。日本、韩国每年从我国进口大量杜仲叶用以生产杜仲叶茶和保健品。另外，杜仲皮、花、果中含有丰富的维生素和矿物质，全树除木质部外都含有杜仲胶，可谓全身是宝，开发利用前景广阔。

10～15年生的杜仲林地，平均单株产杜仲皮8～10千克，每亩（1亩=1/15公顷，下同）产干皮1 200～1 440千克；平均单株产干叶4千克，每亩每年干叶收获量562.5～656.2千克；12年生单株材积0.04立方米，每亩蓄积量5.8立方米。若按市场平均收购价计算，杜仲皮每千克160元，叶每千克40元，木材每立方米450元，到第12年，每亩总收入25 000～31 000元之间，若扣除各种费用，每年每亩净收入15 000～20 000元。

第一章　杜仲自然变异类型及优良品种

杜仲为雌雄异株，异花授粉，长期采用天然杂交的种子进行繁殖，容易出现形态改变和地理生态变异，因此在树皮特征、叶、花、芽、果等方面表现出不同的特点。

一、树皮变异类型

杜仲树皮特征至少存在4个变异类型，即深纵裂型、浅纵裂型、龟裂型和光皮型。

（一）深纵裂型

树皮呈灰色，干皮粗糙，具有较深的纵裂纹；横生皮孔极不明显，韧皮部占总皮厚的62%～68%。雌花期3月中旬至4月下旬，柱头2裂，向两侧伸展呈“V”形；雄花期2月下旬至4月中旬，雄花在苞腋内簇生，雄蕊8～10枚，翅果椭圆形，长3.0～5.0厘米、宽1.1～1.6厘米，果实9月下旬至10月中旬成熟。

（二）龟裂型

树皮呈暗灰色，干皮较粗糙，呈龟背状开裂；横生皮孔不明显，韧皮部占整个皮厚的65%～70%。雌花期3月中旬至4月下旬，柱头2裂，向两侧伸展反曲呈“—”形；雄花在苞腋内簇生，雄花期2月下旬至4月上旬，雄蕊6～10枚；翅果宽椭圆形，长3.0～3.8厘米，宽1.0～1.3厘米，果实9月下旬至10月下旬成熟。

（三）浅纵裂型

树皮浅灰色，干皮只有很浅纵裂纹，可见明显的横生皮孔；

木栓层很薄，韧皮部占整个皮厚的92% ~98.6%；雄花期3月上旬至4月中旬，雄花在苞腋内簇生，雄蕊7~9枚；雌花期3月中旬至4月下旬，柱头2裂；向两侧伸展呈“V”形；翅果宽椭圆形，长3.2~4.1厘米，宽1.2~1.5厘米，果实9月中旬至10月中旬成熟。

（四）光皮型

树皮呈灰白色，干皮光滑，横生皮孔明显且多；只在主干基部可见很浅的裂纹，韧皮部占整个皮厚的93% ~99%；雌花期3月中旬至4月下旬，柱头2裂；向两侧伸展反曲呈宽“V”形；雄花期3月上旬至4月中旬，雄蕊7~9枚；翅果呈椭圆形，长3.0~4.1厘米，宽1.0~1.4厘米，果实9月中旬至10月中旬成熟。

4个类型的树皮中主要成分含量差异很大，光皮类型中种有效成分总的含量显著高于其他类型，深纵裂型和龟裂型含量最低。树皮的不同类型特征约在树龄年生时才能充分表现出来，幼龄树皮都比较光滑。

二、叶片变异类型

杜仲从叶片形态上主要有卵形叶和椭圆形叶，由于生态环境、生长状态等的变化，叶片形态表现不稳定，往往同一单株上同时有2种叶片出现。因此，从叶片形态上划分杜仲类型实际意义不大。但从叶片其他特征看，存在一些明显的变异类型，如长叶柄杜仲、小叶杜仲、大叶杜仲、紫红叶杜仲等。

（一）长叶柄杜仲

叶柄长3.1~5.6厘米，叶片呈椭圆形，叶基楔形或圆形，叶长13~24厘米，宽5.2~9.2厘米；叶色淡绿至绿色，上表面光滑；叶纸质，单叶厚0.18毫米；叶片下垂明显，并向内侧卷曲。

（二）小叶杜仲

叶片小，呈椭圆形，叶长6.2~9.0厘米，宽3.0~4.5厘米，叶柄长1.5厘米。叶面积仅为普通杜仲的25%左右。叶片厚，呈革质，单叶厚0.29毫米。该类型最初在河南省洛阳市发现，经扩大繁殖，性状表现稳定。具有树冠紧凑，叶片分布较密集等特点。

（三）大叶杜仲

叶片大，呈宽椭圆形，叶长18.6~23.3厘米，宽11.2~15.7厘米，叶柄长2.1厘米。叶缘具较深的单锯齿或复锯齿，锯齿深度0.4~0.7厘米。叶色深绿色，表面光滑，叶背较粗糙。叶面积为普通杜仲的1.8~2.2倍。单叶厚0.21毫米。树冠较稀疏，树冠呈圆头形。

（四）紫红叶杜仲

子苗出土后叶片表现为浅红色，以后每年春季抽生嫩梢为浅红色，展叶后除叶背面和中脉为青绿色外，叶表面、侧脉以及枝条在生长季节逐步变成紫红色。春季萌芽后，上半部叶缘及叶尖呈红色，月下旬以后叶表面变为浅紫红色，秋季叶表面呈较深的紫红色。叶卵形，叶基圆形，叶长11~17厘米，叶宽6.4~10.6厘米，叶柄长1.6~1.9厘米，叶片纸质，单叶厚0.22毫米。该类型具有较好的庭院观赏价值。

三、枝条变异类型

（一）短枝（密叶）型杜仲

本类型最明显的特点是，叶片稠密，短枝性状明显。节间长1.0~1.2厘米，为普通杜仲的1/3~1/2。枝条粗壮呈菱形。叶片宽椭圆形，表面粗糙，锯齿深凹；叶色浅绿色或绿色，叶纸质，单叶厚0.25毫米；叶长12~15厘米，叶宽8.0~10.2厘米、叶柄长1.5~2.0厘米。冠形紧凑，分枝角度小，仅25°~35°。材质硬，抗风能力强，适宜密植和营造农田防护林。

（二）龙拐杜仲

本类型枝条的“Z”形十分明显，呈龙拐状，左右摆动角度达23°~38°。叶片为长卵圆形或倒卵形，叶缘向外反卷，叶长14.1~18.4厘米，宽8.1~10.3厘米，叶柄长1.8~2.6厘米，叶色浅绿色至绿色，单叶厚0.19毫米，叶片下垂明显，上表面光滑。该类型具有较高的观赏价值。

四、果实变异类型

（一）大果型杜仲

果长4.5~5.8厘米，宽1.3~1.6厘米，果翅宽。种仁长1.3~1.6厘米，宽0.32~0.36厘米，0.12~0.15厘米，成熟果实平均千粒重105~130克，每千克7 692~9 524粒。种仁重量占整个果重的35%~40%。该类型果实除用作杜仲实生苗的培育外，还适于用种仁榨油和利用外果皮提取杜仲胶。

（二）小果型杜仲

果长2.4~2.8厘米，宽1.0~1.2厘米，果翅窄小。种仁长1.0~1.2厘米，厚0.12~0.15厘米。成熟果实平均千粒重42~70克，每千克14 286~23 810粒。种仁重量占果重的37%~43%。小果杜仲主要用作杜仲砧木苗的培育。

大果型杜仲和小果型杜仲从外观上区分十分明显。但杜仲果实多数为中等果，介于大果与小果之间。同一单株果实的大小，都会因为管理水平的差异及结果量的多少而发生变化。在生产上，若管理水平高，结果量少，果实大；反之管理粗放或结果量过大，果实明显变小。因此，在鉴别杜仲果实类型时应注意栽培条件和结果情况。

五、杜仲的优良品种

20世纪80年代初开始对杜仲进行良种选育。先后有张康健、杜红岩等多为杜仲专家在多项国家和部省级课题的支持下，深入全国杜仲主产区10多个省（市），经过多年对杜仲优良无性系的生长量、产皮、产叶量及主要成分的全面测定和统计分析，选育出华仲1号、华仲2号、华仲3号、华仲4号、华仲5号、秦仲

1号、秦仲2号、秦仲3号、秦仲4号。这些杜仲优良新品种填补了国际国内杜仲良种的空白。杜仲优良新品种的特点是生长迅速，遗传增益明显，有效成分含量高，抗逆性强。产叶量比普通杜仲提高151.8%～214.8%，树皮、树叶有效成分也明显高于普通杜仲。适用与栽培在河南、北京、河北、山东、江苏、安徽、江西、湖北、湖南、贵州、四川、陕西、山西、云南、福建和浙江等地。

(一) 华仲1号

幼树皮光滑，成年树皮浅纵裂。树势强，树冠紧凑，呈宽圆锥形，分枝角度35°～47°，主干通直，接干能力强。耐寒冷、干旱，-27℃低温不受冻害。芽呈桃形，2月中旬萌动，萌动早，萌芽力强，4年生伐桩可萌芽27～34个。叶片较密集，节间长3.4厘米。叶片宽椭圆形；深绿色，长16.9厘米，宽7.6厘米，叶柄长1.5厘米。雄花期3月上旬至4月中旬，雄花6～10枚簇生于当年生枝条基部。5年生植株树高达7.0米，胸径10.4厘米，每年每公顷平均产皮4.5吨，产叶6.4吨。适于各产区营造速生丰产林。

(二) 华仲2号

幼树皮光滑，成年树皮深纵裂，皮孔不可见。树冠开张呈圆头形，分棱角度43°～64°，主干通直，耐干旱，喜水湿。芽长圆锥形，3月上旬萌动。叶片深绿，光亮，呈宽卵形，长17.4厘米，宽8.4厘米，叶柄长1.6厘米，叶缘向内卷曲。枝条节间长3.4厘米。雌花期4月1～15日，雌花6～12枚，单生在当年生枝条基部。果实椭圆形，9月中旬至10月中旬成熟，长3.2厘米，宽1.2厘米，嫁接苗3年结果，5年生植株树高达7.3米，胸径9.6厘米，每年每公顷平均产皮4.2吨，产叶6.2吨，产种2.3吨。适于各产区建立良种种子园、果园和速生林。

（三）华仲3号

幼树皮光滑，成年树皮浅纵裂。树冠开放，分枝角度44°~82°，主干通直，接干能力强。耐盐碱、干旱，叶片小而稀疏，狭卵圆形，叶长16.2厘米；宽7.3厘米，叶柄长1.6厘米，节间长3.3厘米。芽长圆锥形，3月上旬萌动，雌花期4月1~15日，雌花6~14枚，单生于当年生枝条基部。果实椭圆形，9月上旬至10月上旬成熟，长3.0厘米，宽1.1厘米。嫁接苗3年结果，5年生植株树高达7.6米；胸径9.2厘米，每年每公顷平均产皮4.8吨，产叶5.9吨，产种2.5吨；适于各产区尤其是干旱、盐碱地区营造速生林和种子园。

（四）华仲4号

幼龄树和成年树皮都很光滑，横生皮孔明显，冠形紧凑，呈卵形，分枝角度39°~53°，主干通直，苗期靠顶端侧芽易萌发分杈，侧芽生长旺盛，树冠易成形。耐寒冷、干旱，－27℃低温不受冻害。芽圆锥形，3月上旬萌动，叶片稠密，叶长17.1厘米，宽7.9厘米，叶柄长1.7厘米，节间长2.8厘米。雌花期4月1~15日，雌花6~14枚，单生于当年生枝条基部。果实椭圆形，9月中旬至10月中旬成熟，果长3.2厘米，宽1.2厘米。嫁接苗3年结果，5年生植株树高达7.4米，胸径9.2厘米，每年每公顷平均产皮5.0吨，产叶6.3吨，产种2.3吨。适于各产区尤其北方产区营建丰产园和果园。

（五）华仲5号

幼树皮光滑，成年树皮深纵裂。主干通直，接干能力强，树冠呈卵圆形。耐寒冷、干旱。分枝角度37°~49°，叶片较大，长18.7厘米，宽7.3厘米，叶柄长1.7厘米，节间长3.4厘米。芽桃形，2月下旬萌动。雄花期3月上旬至4月中旬，雄花6~11枚簇生于当年生枝条基部。5年生植株树高7.2米，胸径9.5厘米，每年每公顷平均产皮5.3吨，产叶6.5吨。适于各产区营造速生丰产园和农田林网。

（六）中林大果1号

此品种为从大果杜仲中选育出的高产胶优良无性系。芽长圆锥形，3月上、中旬萌动。叶片绿色，宽卵圆形，长17.6厘米，宽9.1厘米，叶柄长1.8厘米。枝条节间长3.5厘米。雌花期3月30日至4月15日，雌花8～14枚，单生在当年生枝条基部。果实椭圆形，9月中旬至10月中旬成熟。

果长5.3～5.8厘米，宽1.4～1.6厘米，果翅宽。种仁长1.3～1.6厘米，宽0.32～0.36厘米，厚0.12～0.15厘米，成熟果实平均千粒重118～130克。种仁重量占整个果重的35%～40%。嫁接苗2～3年开花，第五年进入盛果期，盛果期每公顷年平均产果达4.5吨，产叶5.3吨。适于各产区建立高产胶果园、良种种子园，还适于用种仁榨油。

（七）中林大叶1号

叶片大，呈宽椭圆形，叶长19.1～22.8厘米，宽11.1～15.9厘米，叶柄长2.0厘米。叶缘具较深的单锯齿或复锯齿，锯齿深度0.4～0.7厘米。叶色深绿色，表面光滑，叶背较粗糙。单叶厚0.21毫米。芽宽圆锥形，3月上旬萌动。雌花期3月30日至4月14日，雌花6～14枚，单生在当年生枝条基部。树冠较稀疏，树冠呈圆头形。果实椭圆形，9月中旬至10月中旬成熟，长3.2厘米，宽1.2厘米。嫁接苗2～3年结果，速生，5年生植株树高达7.2米，胸径9.8厘米，每公顷平均产皮4.8吨，产叶6.5吨，盛果期每公顷年平均产种4.1吨。适于各产区建立高产胶果园、采叶园和优质药材基地。

（八）秦仲1号

高胶、高药型良种品种。幼龄树皮光滑，成龄树皮浅纵裂，皮孔消失，树皮褐色，属粗皮类型。冠形紧凑，呈圆锥形，分枝角度为50°～62°。芽圆锥形，3月中旬萌动，叶片椭圆形，细锯齿，叶小，单叶面积 39.8 平方厘米。雄花 4 月中旬开放。树干通直，生长较快，3 年生植株树高 4.47 米，胸径 3.8 厘米。

该品种药用成分和杜仲胶含量都很高，为胶、药两用型和花用型优良品种。抗寒性强，抗旱性较强，速生。适宜于浅山区、丘陵和平原地区营造优质丰产园和水土保持林。该品种在陕南和关中南部表现为高胶、高药型优良品种。

（九）秦仲 2 号

高胶、高药型优良品种。幼龄树和成龄树皮均光滑，暗灰白色，横生皮孔较明显，属光皮类型。冠型紧凑，呈窄圆锥形，分枝角度 30°～35°。芽圆锥形，3 月中旬开放。叶片椭圆形，细锯齿，叶小而密集，单叶面积 40.2 平方厘米，雄花 4 月中旬开放。树干通直，生长较快，根萌苗 3 年生植株树高 4.70 米，胸径 4.04 厘米。

该品种药用成分和杜仲胶含量都很高，为药、胶两用型和果用型优良品种。抗寒性强，抗旱性较强，速生。适宜于雨量充沛或有灌溉条件的山地、丘陵和平原地区营造优质丰产园。该品种在陕西汉中、杨凌和咸阳北塬均表现为高胶、高药型优良品种。

（十）秦仲 3 号

高药型优良品种。幼龄树皮光滑，成龄树皮较光滑，灰色。横生皮孔稀疏，属光皮类型。冠形紧凑，阔锥形，分枝角度55°～65°，芽圆锥形，3 月中旬萌动。叶片卵形，细锯齿，单叶面积 55.10 平方厘米，雌花 4 月下旬开放。树干直，生长较快，根萌苗 3 年生植株树高 4.44 米，胸径 3.53 厘米。该品种药用成分含量高，为药用型和果用型优良品种。

抗旱性较强，抗旱性较弱，比较速生。适于雨量充沛的地区营造优质丰产园。该品种在陕西的南部和关中地区表现为高药型优良品种。该品种药用成分含量高，为药用型。

（十一）秦仲4号

高药、防护林型优良品种。幼龄树树皮光滑，成龄树树皮浅纵裂，皮孔消失，树皮褐色，属粗皮类型。冠型紧凑，圆锥形，分枝角度45°~55°。芽圆锥形，3月中旬萌动。叶片椭圆形，细锯齿，单叶面积48.5平方厘米。雄花4月中旬开放。树干通直，生长迅速，根萌苗3年生植株树高4.07米，胸径3.98厘米。该品种药用成分含量高，为药用型和花用型优良品种。

抗旱性和抗寒性都强，速生。适合于山区、丘陵地区营造优质速生丰产园。由于它抗性强，也适合于营造防护林和水土保持。该品种在陕西的关中地区表现为高药型优良品种。

第二章　杜仲栽培关键技术

一、整地方法与标准

我国杜仲的主要产区多分布在丘陵、山区，平原区一般在河滩荒地较多。丘陵、山区地形复杂，土层薄、肥力较差，河滩荒地养分差，加之管理水平低，造成各产区低产园普遍存在，严重影响杜仲的生产发展水平。为了从根本上改变杜仲营养状况差的局面，在园地规划后，必须及时进行土地平整和土壤改良。根据不同的立地条件采取相应的改良措施。

（一）丘陵山地杜仲园

1. 等高梯田整地

这种方法在丘陵山地整地应用最普遍，是杜仲园保水、保土、保肥的有效措施，还便于集约管理和园地灌溉。栽植前在每小区内根据坡度大小测出每行的等高线，梯面的宽度和梯田埂的高度视地势而定，坡度越大，梯面宽度应窄一些，这样可以降低梯田埂高度，减少雨水冲刷，也降低了整地工程量。缓坡地可增加梯面宽度。通常梯面宽 2 ~6 米为宜。整地时先从小区最下边一个水平带开始，自上而下逐个挖。梯面先挖成外高内低状，内外高差 30 ~40 厘米，把上面一个梯面的表土填入下面一个梯田内测，依次向下进行。使每个梯面整好后外侧略高于内侧，以利于蓄水抗旱，防止发生径流。

2. 撩壕整地

撩壕整地也叫抽槽整地，这种整地方式是将坡面按等高线挖成等高沟，把挖出的土堆在沟的外侧。降水时，沟里可蓄水；降水过多时，壕沟也可以排水。撩壕整地适于15°以下的缓坡。修撩壕时，以等高线为中线，在两于侧划出平行于中线的两条线，宽度视地势而定，坡度越大，壕距越小。将两条平行线中间的土挖出，堆于壕的外侧，沟宽一般为60～80厘米，深40～60厘米，沟内每隔一定距离留一小土坝，高度比壕顶低10～15厘米，便于拦水与排洪，撩壕将长坡变成短坡，使地面水由急流变成缓流。撩壕修筑简单易行，是控制地表径流、防止冲刷的一种简单有效的措施。根据壕的宽度，杜仲可栽成单行或双行，杜仲栽于壕边，行间宽敞，便于管理。另外，撩壕对坡面土壤的层次和肥力状况破坏不大，杜仲根系分布比较均匀。尤其是幼树期，根系临近沟边土壤，水分条件好，树势强旺。

3. 鱼鳞坑整地

对地形复杂的山地，在修水平梯田和等高撩壕都比较困难时，可以修筑成鱼鳞坑，既保水又保肥。在等高线上确定定植点，以定植点为中心，从上部取土，修成外高内低的半月形小台田。田的外缘用石块或土堆砌，各小台田连接起来，状似鱼鳞。

（二）河滩荒地及盐碱地杜仲园

河滩荒地应以客土换沙，增加细土、壤土，下层如有黏土，可进行深翻改土或引洪积淤。盐碱地杜仲园，可采取灌水“压盐”、加设“排水洗盐”及修筑台田等措施，降低土壤含盐量。还可采取深翻晒垡、熟化土壤、增施农家肥、加施黑矾等降低土壤酸碱度。

丘陵山地修筑好的各种园地，造林前还需挖栽植穴，栽植穴的大小可根据土质而定。土层薄或土质硬的土壤，栽植穴大小为1米×1米×1米，土质疏松深厚的地方，栽植穴为0.8米×0.8米×0.8米，平原区应高度集约经营，采用全部整地或抽槽整地的方法。抽槽整地，槽宽1米、深0.8米。不论何种整地方整地方法都要施足底肥，每公顷施农家肥60～75吨加饼肥1.5吨，复合肥0.45吨加饼肥1.5吨。

二、生态适应性

（一）温度

杜仲对温度的适应幅度比较宽，在年平均气温9～20℃，极端最高气温44℃以下，极端最低气温不低于－33℃的条件下，植株均能正常生长发育。我国杜仲主要产区一般平均气温在11～17℃，1月平均气温－5.5～0℃，7月平均气温19～29℃，极端最低气温－20～－4℃。如贵州遵义、河南洛阳、湖北郧西、湖南湘西、陕南、川东北、江苏江浦、皖南等地，这些地区属中、北亚热带和暖温带地区，杜仲在生长发育过程中的温度条件都能充分满足，目前这些地区均已成为我国杜仲药材的主要生产基地。杜仲栽培区向北移，如吉林、辽宁的部分地区，经受－35℃以下低温，根部仍能存活，但地上部分往往遭受冻害，冬季抽条严重。这些地区在栽培杜仲时应慎重，可以考虑营造以采叶为主的林分，每年平桩或截干取叶。广东、广西的大部分地区，年平均气温在22℃以上，冬季极端最低气温在0℃以上，杜仲树因为冬季低温休眠的条件得不到满足，生长发育不良，病虫害严重，该类型地区不适于栽培杜仲。

（二）水分

杜仲的正常生长发育和杜仲林分内水分状况有密切关系。水分供应过多或过少，都会对杜仲树的生长造成影响。目前我国的杜仲产区大部分在丘陵及山区，缺乏灌溉条件。因此，天然降水成了杜仲树水分供应的主要来源，全国杜仲主要产区年降水量450～1 500毫米，其中4～10月份杜仲生长发育期间，降水量占全年的80%左右。在生长季节内，长江以南地区降水分布比较均匀，而且总的降水量比较大，能满足杜仲树生长的需要。黄河中下游及其以北地区，降水主要集中在7、8月份，春、秋季干旱。

在这种干旱的气候条件下，杜仲生长表现也很良好。新疆阿克苏地区年降水量只有88毫米，杜仲引种到此仍能正常生长，说明杜仲具有极强的耐干旱特性。江西九连山年降水量达1 800毫米以上，20年生杜仲胸径达到30厘米以上，说明杜仲还具有耐水湿的特性。但从对南方降水量较大地区的调查结果看，生长季节长期阴雨连绵，易造成林内空气湿度过大，病虫害发生严重。从外观上看，空气湿度过大的林分，树干上生长许多绿色苔藓。故南方地区造林密度不宜过密。北方干旱地区，新栽培区一般具有较好的水利条件，适当的灌溉能够促进杜仲的生长，一般每年灌溉2～4次即可满足植株生长要求。

（三）光照

杜仲为强喜光树种，对光照要求比较强烈，耐阴性差。生长环境的光照强弱和受光时间的长短，对杜仲的生长发育有明显的影响。据调查，杜仲生长在阳坡、半阳坡光照比较充足的地方，树势强壮，叶厚而呈深绿色。而生长在光照较差的林下或长年光照差的阴坡，则生长势弱，出现树冠小、自然整枝明显、叶色淡而薄的现象。据测定，光照条件好的树冠上部或外围叶片的单叶厚为0.22毫米，而树冠下部的叶片厚仅0.12毫米。初植密度较密的杜仲林，林木郁闭后，植株粗生长速度缓慢，林内大量侧枝枯死，产叶量锐减，而高生长速度比散生木和孤立木快，这是为了争夺光线的求生本能。前文已述，光照不足也是影响雌株产果量的主要因素之一。所以杜仲宜栽培在平原及丘陵、山区的阳坡、半阳坡。林木郁闭后，应及时采取间伐等措施，保证植株有充足的光照。

（四）风

杜仲大树在生长季节和休眠期，都具有较强的抗风能力。冬、春多风的北方产区，如河南、山东、河北中南部、山西等省，以杜仲营造农田防护林网，具有较好的防风、护田效果。杜仲幼树在生长季节枝干一般较柔软，遇 4 ~ 5 级大风，树干易弯曲，故营造农田防护林网，每林带宜栽植 4 ~ 6 行，并注意选择抗弯曲的优良品种。风在南方各产区对杜仲的生长发育影响不大；而在北京以北地区，冬季气候寒冷，有风天数多而且风力大，在北京市西北部、辽宁沈阳及吉林白山等地，冬季大风常是造成杜仲抽条的主要原因之一。因此在寒冷地区发展杜仲除了考虑温度条件外，还应注意选择无大风危害的地区。

（五）土壤

杜仲对土壤的适应性很强。据对各种类型土壤上的杜仲生长情况调查分析，杜仲在酸性土（红壤、黄红壤、黄壤、黄棕壤、酸性紫色土）和钙质土（石灰土、石灰性褐土、钙质紫色土）都能成活、生长。但不同土壤上杜仲的生长发育效果差别很大。影响杜仲生长的土壤条件主要是土壤质地、土层厚度和肥力以及土壤的酸碱度。土壤质地以砂质壤土、壤土和砾质壤土为最好，在过于黏重、透气性差的土壤上杜仲生长不良。

杜仲为垂直根系，喜土层深厚、肥沃的土壤。在过于贫瘠或土层较薄的土壤上杜仲生长不良。如在豫西黄土丘陵区，塬面土层深厚肥沃的土壤上，8 年生杜仲胸径达 20.4 厘米，树高 8.5 米。而在岩石裸露，过于贫瘠的黏土上，10 年生杜仲胸径仅 5.3 厘米，树高 3.7 米。因此，石质山区的土层厚度一般要求在 60 厘米以上。杜仲对土壤酸碱度的适应范围也比较广，微酸性至微碱性土壤，pH 值 5.0 ~ 8.4 范围内都能正常生长。因此，适宜杜仲生长的土壤应是平原区或土层较深厚的丘陵山区，土壤肥沃、湿润、排水良好，pH 值 5.0 ~ 8.4 之间，土质疏松的砂质壤土、壤土或砾质壤土。

（六）地形与海拔

杜仲对地形有广泛的适应性，我国杜仲主要栽培区杜仲林分或散生植株所处的地形特点，既有侵蚀、剥蚀地貌，也有以碳酸盐类岩石构成的喀斯特（岩溶）地貌，还有丘陵、台地、平原、盆地地貌以及高原和各种地貌组成的山地。老产区的杜仲主要分布在低山、中山地貌类型，而新产区的杜仲主要以丘陵区和平原区为主。从林木生长情况看，灌溉条件较好的平原和丘陵区表现最好。山地以较平缓的坡脚、沟坳，丘陵区以梯田、堰埂比山地的陡坡、岭脊及阳坡生长好。

杜仲垂直分布范围较广，从海拔 25 米以下的平原区到海拔 2 500米的山区都有杜仲分布。但集中产区的海拔高度多在 100 ~ 1 500米。低海拔对杜仲无不良影响，而海拔过高则影响树木的生长发育，长势减弱，果实成熟期推迟。

三、杜仲栽培及抚育管理

（一）优质苗木规格

目前，全国杜仲生产水平较低，表现在育苗质量差、造林苗木规格小。尤其在一些老产区，每公顷产苗量达 45 万 ~ 75 万株，个别地区达到 150 万株以上，造成苗木细弱，造林后植株生长缓慢，各产区“小老树”现象十分普遍。因此，提高造林苗木质量是实现杜仲优质丰产的前提。根据河南、山东、北京等地培育优质苗木的实践，1 年生苗平均苗高达 1.2 米以上，部分苗高可达 1.8 米以上。杜仲生产已由普通实生苗造林逐步向良种化方向发展。目前各地实行的苗木标准显然已难适应杜仲生产发展的趋势，制订符合杜仲优质丰产要求的造林苗木规格，对实现杜仲优质丰产至关重要。据洛阳林科所对不同规格的 1 年生播种苗造林试验，4 年后生长量出现显著差异：采用苗高 150 厘米以上的苗木造林，4 年后，树高达 5.81 米，胸径 4.96 厘米；而采用高度 60 ~ 80 厘米的苗木造林，4 年后，树高 4.69 米，胸径仅 3.87 厘米。

本书根据杜仲生产实际状况和经营类型，提出不同造林苗木规格，供各地参考。山地造林一般采用 1 年生苗，应采用苗高 80 厘米以上（其中 100 厘米以上苗木占 80%），地径 0.7 厘米以上的苗木造林。浅山区及平原区营造速生丰产园，可用1年生苗，苗高100厘米以上，地径0.9厘米以上；或采用2年生苗，苗高1.5米以上（其中2米以上的苗木占50%），地径1.3厘米以上的苗木造林。营造农田林网宜采用2年生苗（包括嫁接苗），苗高1.8米以上（其中2米以上的苗木占80%），地径1.7厘米以上；果园用杜仲苗，宜采用2年生嫁接苗，苗高1.2～1.5米，地径1.2厘米以上，其中0.7～1.0米处有6～8个饱满芽。

（二）杜仲园的规划设计

规模化杜仲园应由所在县、乡统一规划，按比例划分杜仲园的土地。一般杜仲树占地95%，保护带占2%，道路占2%，排灌系统和建筑物占1%。建筑物包括杜仲叶临时贮放库、机械库、工具室、办公室、护林室等。建筑物一般设在园地中心，四周适当设护林房。

1. 小区的划分

杜仲园园址确定后，应根据栽培面积、地形等情况，将园地划分为若干小区。小区面积依具体条件而定。小面积杜仲园，平原区3公顷以下、丘陵山区1公顷以下可不再分小区。大面积杜仲园，平原区每4～6公顷划分一小区；丘陵山区地形复杂，可根据实际情况1～2公顷为一小区，每小区的地形、坡向、土壤尽可能一致。小区的形状可根据地形、土壤划分，平原区以长方形为主，园地长宽比2～4:1；丘陵、山区，小区形状可灵活确定，以管理操作方便，便于产品采集运输为原则。

2. 保护带的设置

杜仲丰产园不论面积大小，四周均需设保护带，预防牲畜和人为破坏。保护带设置在园地和每小区边缘，离最边缘1行杜仲2～4米。保护带栽植带枝刺或皮刺的树种，目前应用较多的有花椒、枸杞等。保护带可根据需要设置1～2行，单行栽植株距0.3～0.5米，双行栽植行间距0.5米，株距0.5米，两行呈三角状定植。保护带的栽植和杜仲树的栽植同步进行。

3. 排灌系统的设置

有水利条件的杜仲园，应规划并修建排灌渠道。平原区应结合平整土地，修建排灌渠道。丘陵、山地应结合修筑梯田修建灌水渠道。

灌水系统包括干渠、支渠和灌水沟。干渠的位置要高，以便加大灌溉面积。平原区杜仲园干渠应设在大区间的道路一侧；缓坡地设在分水岭上；丘陵、山地杜仲园的干渠可沿等高线设在上坡。干渠坡降 1/1 000 左右；支渠设在小区道路一侧，坡降 3/1 000左右，使渠水流速适度。排水系统由排水干渠、支渠和小排水沟组成。排水系统的设置和密度，视园地所处位置而定，各级排水渠、沟要互相沟通，以便及时排水。排灌系统能结合的尽量安排在一起，使灌、排一体化，以节约土地，减少开支。

4. 道路设置

杜仲园要设置一定的道路，大面积园地可设干路、支路和小路。小区之间以干路、支路为界，小区内设小路即作业道。各级道路互相连接，外与公路接通，干路宽 4 ~6 米，支路宽 2 ~4 米，小路宽 1 米左右。丘陵、山地杜仲园，应根据地形修筑成盘山道，坡度较陡时修成“Z”形。需要注意的是，修筑的道路要使排灌系统相通，以方便排灌。

（三）栽植技术

1. 栽植密度

杜仲栽值密度应根据经营目的，作业方式及立地条件来确定。乔林作业、头林作业、杜仲果园、采穗圃等宜采用 2 米 ×2 米、2 米 ×3 米或 3 米 ×4 米的株行距；矮林作业要求集约化程度较高，多在平原或浅山区立地条件较好的地方进行，目的是获得早期丰产，提早收益，初植密度较大，1 米 ×1 米 ~1 米 ×2 米，每公顷栽 5 000 ~10 000 株。河南省部分产区采用 0.7 米 ×0.7 米的密度，主要以生产工具把柄和采叶为主。由于杜仲喜光，栽植密度过大，易郁闭，并且行间小，操作不方便。为此，洛阳林业科学研究所于1989年开始，经科学改进，采用宽、窄行带状栽植方式，宽行1.5~3米，窄行0.5米，株距1米，三角定植，每公顷栽5 800~10 000株。林地郁闭后，逐步间伐，最终密度每公顷830~1 650株。杜仲茶园式经营采用行距3米，穴距2米，每穴呈五星状栽植5株，每公顷栽8 300株；胶用采叶林还可采用每公顷栽20 000~60 000株的密度，每年剪条采叶。另外，在田埂地边可栽植株距2米，密度不等的杜仲园。平原区还可营造经济型杜仲防护林带，行距2~3米，株距2~4米，初植林网密度视各地具体情况，一般每公顷120~180株。带间距离采用50~100米不等、以后根据林带杜仲生长情况，隔带间伐，最终形成带距100~200米的林网密度。

2. 栽植季节

杜仲的栽植时间应根据各地区气候条件和当时的土壤水分状况而定。长江以南各产区，一般冬季土壤不上冻，栽植时间从杜仲落叶后至春季萌动期间的整个休眠期都可以。而秋栽的苗木经过冬季根系的活动，断根伤口愈合早，春季萌动后植株生长旺盛，缓苗期短。但在栽种不及的情况下，冬、春季栽植也可。

黄河中、下游一带，可在秋末冬初和春季栽植。秋栽能否进行，主要视土壤水分状况和栽植工作的准备情况。该地区秋冬季节雨雪少，有灌溉条件的地块或墒情较好的年份，最好在秋末造林。栽植时间在霜降过后至土壤封冻前，约在10月下旬至12月上旬，由于这段时间较短，有时易受寒流影响提前封冻，造林工作应抓紧。无灌溉条件而土壤又干燥的地区，在春季土壤解冻后进行造林。春、秋季栽植的成活率无明显差别，正常情况下都能达到98%以上。

北京以北地区，冬季寒冷、干燥、多风，而且初冬土壤上冻早，基本不具备秋末造林的条件，有时勉强栽植，冬季会出现抽条等现象，造林成活较低。因此该类型地区宜在春季造林，栽植时间在土壤解冻后进行，造林截止时间在芽萌动时，一般年份在4月5日至5月1日。

3. 栽植方法

栽植前将混好肥料的表土大部分填入沟、穴内，填土高度以距离地面5厘米为宜，沟、穴中间稍高、呈丘状或埂状。有水利条件的地块在栽植前1周将整好的园地浇1遍水，落实栽植沟、穴。栽植时将苗木放于栽植沟或栽植穴中间，纵横对直。如果是嫁接苗，要尽量使嫁接口对准主风方向，舒展根系，使其均匀分布于四周，将剩余的混合土轻轻从上向下撒在根上，边填土，边提苗，边踏实，使根系与土壤密接，最后将周围表土填入沟穴内，直到高出地面一些。应掌握苗木入土深度，一般和在圃地相当，不可过深。栽植过深苗木生长不良，如江西省宁岗县栽植的部分杜仲，3年生苗木树高不足1米，除管理因素外，栽植过深也是造成幼树生长不良的主要原因。栽植后应及时浇透水1次，扶正苗干。

旱地栽植，可采取随挖沟、穴，随栽的办法，秋末或早春，在土壤墒情较好时栽植。栽植后在苗干四周作一半径50厘米左右的蓄水埂，尽可能用人工担水浇苗。旱地建园时，只要栽植后土壤墒情较好，成活率也可达95%以上。在多风、干旱地区，可采用探挖浅埋法。栽植后定植穴填土到离地面20厘米处。这样既不影响幼树生长，又有利于蓄积雨雪，同时在距坑沿15厘米左右的西北面，修挡风埂，可显著提高坑内土温，有利于幼树生长，减少抽条等危害。

在盐碱地，可采用低畦高埂躲盐栽植法。把树栽在高埂低畦内，低畦内保持土壤疏松，畦埂要踏实。也可使定植穴埋土稍低于地面，并保持穴内土壤疏松，穴沿踏实并筑土埂。

营建杜仲果园、种子园、采穗田等，可采用砧木建园法，法定植点先栽植砧木苗，苗木大小可以是1年生苗，也可以是2~

3 年生大苗。采用定植砧木就地嫁接的方法，嫁接后萌条生长快，缓苗期短，树冠成形早，成本较低。但需加强嫁接后的各项管理，保证接芽成活，避免机械损伤。

4. 抚育管理

（1）春施肥 施肥对杜仲速生丰产有着明显的效果。定植后第一年在萌发后，每亩用熟腐人畜粪尿 300～400 千克或尿素 3～4 千克兑水穴施。以后每年春季最好莌施 1 次肥效较长的饼肥与有机肥的复合肥，而且随着树龄的增长逐渐增加施用量，一般每株施复合肥 120～200 克、饼肥 200～400 克、厩肥等 10 千克。

（2）夏除草 中耕除草可使土壤疏松，既增多水分含蓄量，又使通气良好，可促进根系生长和增强根的吸收能力，从而加速杜仲的生长。在杜仲栽植后 3～4 年内，每年应进行 2 次中耕除草。一般于 4 月上旬结合施肥进行第一次中耕除草，5～7 月为生长高峰期，可于 5～6 月上旬进行第二次中耕除草。

（3）冬培土 10 月底以后气温下降，杜仲苗停止生长，这时进行松土，培土，铺上落叶、杂草适量，既可保温防冻，又增添了有机肥。

（4）以耕代抚 杜仲定植后 4～5 年内，树苗尚小，于幼林之间间种矮小作物，不仅可充分利用土地，增加收入，同时还达到了抚育幼林的目的，是一种很好的生态农业模式，开垦的荒山、荒地应与种草、种药相结合，幼林地可以割草养畜，成树林也可以放牧，海拔 1 200 米以上的山地杜仲林，可间种黄连、独活等草本药材；熟地上的杜仲林，可套种豆类、薯类、蔬菜等矮秆和匍匐作物。

（5）整枝修剪 冬季可适当剪去下部一些侧枝及根部萌蘖枝，使主干生长健壮。剪下的根部萌芽枝还可以作扦插繁殖用。

杜仲是一种名贵的树皮类中药材。要提高其产量，除加强肥水管理、使茎秆增粗外，还可采用木棒敲打树干，以增厚树皮的方法提高产量和质量。具体做法为：在杜仲树的生长季节，用一小木棒在树干任意一侧进行适度敲打，使木质部与树皮之间松弛，由于另一侧没有敲打，树木不会枯死。过一段时间，被敲打的一侧又会长出一层皮，使原来的树皮厚度增加。20～30 天后，又可敲打另一侧。如此轮番进行，各方向的树皮都会增厚，从而获得良好的增产效果。但应注意，此方法只适用于树干基部直径在 10 厘米以上的树木，幼树不能采用。敲打要适度，切忌猛击，否则适得其反。

四、树体保护措施

杜仲具有较强的抗寒性。但在辽宁、吉林等寒冷干燥地区，冬季易出现抽条和冻害。采取积极的预防保护措施，可以减轻危害。

（一）抽条

抽条也称生理干旱或冻害，是指越冬枝条干缩的现象。这种现象在华北、东北等地干旱、冬春季风大的地区容易发生。

1. 抽条表现及原因

先从枝条顶部成熟差的部分开始，逐渐向下抽干，外观上只是干枯、皮皱，组织并不变色。萌芽期芽不能萌发。抽条发生的主要原因是植株旺长，枝条生长结束晚，组织成熟度差。冬季寒冷，大风干旱，地上部枝条蒸腾失水过度，而根部土壤冻结，根系无法吸收大量水分给予补充，便造成枝条大量失水，发生抽条。

2. 预防措施

采取合理的土、肥、水管理措施，可防止树势过旺、生长晚停。冬季前加覆盖物，树干基部压土也可减轻抽条。另外，在冬季喷2～3 次羧甲基纤维素 50～200 倍液，能有效防止抽条发生。也可使用植物保水剂（石蜡乳化液）喷到树上，形成一层既能防止水分蒸发，又不影响枝条正常呼吸作用的白色保护膜。保水剂喷施时间在11月中下旬至3月中旬。

（二）冻害

1. 冻害表现及原因

1年生枝冻害，表现为自上而下脱水、干枯，但皮层、木质部很少变色，髓部变褐。多年生枝冻害，多为皮层局部冻伤，死亡组织下陷、变褐。主干受冻时，造成纵裂，皮部部分干枯凹陷。绝对气温低于－30℃时常导致枝干发生一定冻害。

2. 防治措施

采取根颈部封土等防止抽条的保护措施，有助于防止冻害，对发生抽条或冻害的枝条应从抽条和冻害部位以下剪去，修剪时要注意控制树势。

五、整形修剪技术

我国现有杜仲树，基本上处于低水平的粗放管理状态。多数产区对杜仲采用普通用材林的管理方式，重栽轻管的现象十分普遍，其中对整形修剪技术的掌握与应用尤为欠缺，树体放任生长，这也是造成个别产区杜仲“小老树”的直接原因之一。近几年国内研究与生产实践表明，根据经营目的和杜仲的生长习性进行合理的整形修剪，是实现杜仲优质丰产的重要技术措施之一。杜仲栽培迅速实现园艺化管理，掌握科学的整形修剪技术至关重要。

第三章　杜仲繁殖

繁殖方法可用种子、扦插，压条及嫁接繁殖。生产上以种子繁殖为主。

一、种子繁殖

宜选新鲜、饱满、黄褐色有光泽的种子于冬季11～12月或春季2～3月月均温达10℃以上时播种，一般暖地宜冬播，寒地可秋播或春播，以满足种子萌发所需的低温条件。种子忌干燥，故宜趁鲜播种。如需春播，则采种后应将种子进行层积处理，种子与湿沙的比例为1∶10。或于播种前，用20℃温水浸种2～3天，每天换水1～2次，待种子膨胀后取出，稍晒干后播种，可提高发芽率。条播，行距20～25厘米，每亩用种量8～10千克播种后盖草，保持土壤湿润，以利种子萌发。幼苗出土后，于阴天揭除盖草。每亩可产苗木3万～4万株。

（一）种子播种品质的鉴别

杜仲种子品质好坏受多种因素的影响。采种时间的早晚、母树年龄的大小、母树营养状况、母树是否剥皮及剥皮的轻重、种子晾晒的质量，以及种子保管的好坏、是当年新种还是隔年陈种等，都直接影响到种子的播种品质。在种子收购或异地采购杜仲种子时，都应对种子的播种品质进行认真鉴别。

目前，生产上多根据种子的外观特征进行鉴别（表3－1）。合格种子翌年播种时的发芽率应在50%以上，如采取低温或密封保存，优质种子发芽率可达90%以上。

表 3 –1 杜仲种子品质及外观特征

种子品质	外观表现特征
优质种子	种皮新鲜，有光泽，棕黄至棕褐色；种仁处突出明显，种仁充实、饱满，剥出胚乳为米黄色
劣质种子	种子卷曲、薄，种仁不甘落后充实饱满，种翅多折皱，种皮无光泽，褐色至黑色
未成熟种子	种子薄，种皮青绿色至青黄色、色浅而淡，种仁处不充实饱满；剥出胚乳与子叶色浅，且二者分化不完全
陈旧种子	种皮无光泽、褐色至黑色，种翅不坚韧、易碎；剥出胚乳为褐色至黑色

（二）种子的催芽及处理

杜仲种子由于种皮含大量杜仲胶，对种胚束缚力很强，且难以吸水膨胀，故杜仲种子发芽相当困难。种子不经催芽而直接播种，往往发芽率及出苗率很低。杜仲种子催芽的方法很多，目前生产上常采用的方法包括以下几种。

1. 温水浸种、混湿沙冻藏催芽法

1 月初将用于播种的种子取出，放入 50℃左右的水中浸泡 3 天,向热水中加入种子时，应边加边搅拌，以防止种子被烫坏。每天用 50℃水换水一次，并将浸泡出来的脏水冲洗干净。浸泡 3 天后，将种子拌入湿沙内，沙的重量为种子重量的 2 倍。拌好后装入编织袋或麻袋内，放在室外阴凉处，让其结冻。如袋内种子失水干燥，可随时向上泼水，促其上冻，每隔 10 天将种子拿到室内火炉旁，让其解冻，解冻后将混沙种子倒出，反复翻动几遍，再重新装入袋内，拿到室外阴凉处，泼上水，继续冻藏。如此反复冷热处理 3 ~4 次后，至 2 月下旬开始，种子可大量发芽，当发芽及露白种子占 30% 时，即应开始播种。如拖延时间过久，部分种子发芽长度过长，反而不利于种子的播种和出土。此方法比较方便易行，种子场圃发芽率较高，一般可达 50% 以上，且发芽时间比较集中，便于播种。此方法的催芽原理是，利用温度变化的物理作用打破种子休眠，并利用结冰破坏种皮纤维及杜仲胶组织对胚的束缚作用。

2. 混湿沙地下层积催芽法

12 月初将种子混入 3 倍种子重量的湿沙内，拌匀，沙的湿度以手握成团不滴水为宜。在室外选地势较高而平坦的地方挖一土坑，宽度和深度均以 0.6 米为宜，长度视种子数量而定。先在坑底部铺 10 厘米厚的沙子，之后填入 30 厘米的湿润种沙，其上覆盖 10 厘米厚的沙子。如果种子数量较多，沟长大于 0.6 米，应在沟底每 0.5 米竖一高粱秸把，粗度以 10～15 厘米为宜，长度应高出沟的深度。埋好种子后，可从每个草把内相间抽出 3～5 根高粱秸秆，以便使沟内更好的通气。沟的周围应用土围一土堰，防止雨雪进入沟内。

在采用此方法进行催芽时，应注意以下几点。①种子在 12 月初以前不可下地。因当时气温及地温都较高，种子下地后容易使种子发生霉烂。②沙藏催芽的地方如为黏土土质，则需在沟底加铺 10～15 厘米厚的粗砂，以增加沙藏坑底部的通气及透水性，防止因底部积水及透气性差而使种子霉烂。③翌年春天 2 月中旬以后，气温及地温逐渐回升，要及时检查种子发芽情况，防止因种子发芽过长而影响播种。④如 1 月以后才开始地下沙藏催芽，需在种子下地之前用 30～40℃ 的温水浸泡 1～2 天，然后进行地下混沙催芽，以保证种子能按时发芽并发芽整齐。该方法在生产上采用较多，也较简便易行，场圃发芽率一般在 50% 以上。

3. 温水浸种、混沙增温催芽法

在 2 月中旬以后，临近播种期，可采用温水浸种、混沙增温催芽的方法。先将种子用 40～50℃ 水浸泡 3～4 天，每天换水 1 次,除去水面漂浮种子，然后混入 3 倍于种子重量的湿沙内，堆成厚度为 30～40 厘米的平堆，其上覆盖新塑料布（旧塑料布透光性差），在室外日光下增温，每天上、下翻动 1 次，并酌情喷水保持种子湿润。一般 5～7 天种子即可开始发芽露白，待发芽及露白种子占25%~30%时，即可取出播种。

4. 赤霉素（920）处理催芽法

如在播种前对种子进行催芽，可采用赤霉素快速催芽的方法。先将干藏的种子放入40~50℃温水中浸泡20~30分钟（时间不可过长），其间不断搅拌，随时将漂浮的种子除去，然后将种子捞出，滤干水，再将种子倒入0.02%的赤霉素溶液中浸泡48小时，其间每隔3~5小时用木棍搅拌1次，以使种子充分吸水。最后将种子捞出，滤干水，即可播种。0.02%赤霉素药液的配制方法为，先将1克市售的85%结晶状赤霉素溶于25毫升酒精或饮用白酒中，反复搅拌，使其充分溶解，再将此倒入5千克清水内，搅匀后即得到0.02%的赤霉素溶液。如果种子数量多，可照以上比例增加配制数量。

采用赤霉素对杜仲种子进行催芽，应注意以下几方面问题。①市售赤霉素有结晶粉和乳油两类，且生产厂家及品牌很多。以上海第十八制药厂生产的85%赤霉素结晶粉效果最佳。②赤霉素水溶液在5℃以上时很容易分解失效，但在干燥状态下不易分解，故对所配制的水溶液不可久存，应随用随配，以防失效。同时浸泡时的水温应控制在5℃以下，并选择阴凉的地方进行。③赤霉素溶液浓度超过0.04%时，对杜仲种子发芽反而有明显的抑制作用，故应严格控制配制浓度。利用赤霉素进行杜仲种子催芽，场圃出苗率一般可达50%以上，且方法简便易行，生产上应用广泛。但应特别注意在购买赤霉素时分辨真伪，否则会造成催芽的彻底失败。为稳妥起见，在用药液浸泡48小时捞出后，不要随即播种，而是混沙保湿继续催芽，当种子有30%露白时，即可进行播种。如7天内不见种子露白，则应采取其他措施进行补救。

5. 剪截种翅

杜仲种翅富含杜仲胶及纤维组织，严重妨碍种子的吸水及萌发。种子稀少或播种数量很少时，可将种翅头尾两端剪除，最好将种子两端剪破一个小口，以不损伤胚根和子叶为原则，然后用

20℃温水浸种24小时，捞出后经6～8天保湿催芽，即可使种子萌芽。剪去两端种翅的种子，发芽率要比同等条件下其他种子高得多，一般可达70%以上，且发芽速度要快得多。此项措施虽然有效，但操作起来费工、费时，故生产上难以推广。杜仲种子发芽要比其他植物种子困难得多，一般经过催芽后发芽率仅为50%左右。种子发芽的特点是需要经过一个5℃以下的低温阶段，在变温条件下可提高种子的发芽率。据观察，杜仲种子在保湿条件下以20℃的温度发芽最快，但在0℃以下的低温条件下同样能正常发芽，只是发芽速度较慢。种子不经催芽而直接播种，场圃出苗率一般仅有20%左右，且苗木出苗时间早晚及苗木生长状况参差不齐。

（三）播种时间

杜仲的播种时间分为春季播种及秋季播种，我国南方还可以进行冬季播种。目前我国主要采用春季播种，因为春季播种出苗较整齐，便于田间管理。我国南北各地气候条件差异很大，一般在日均温稳定在10℃左右时即可播种。长江流域播种时间以2月上中旬为宜，黄河流域以3月上、中旬为宜，北方寒冷地区以3月下旬至4月上旬为宜。杜仲播种宜早不宜迟。因为杜仲种子在低温条件下不影响发芽出土，但播种晚而地温较高时，种子容易发生霉烂，且幼苗容易遭受各种虫害。

我国长江流域杜仲主产区某些地方有秋季播种或冬季播种的习惯，优点是省去了播种前催芽的工序，甚至秋季随采种随播种，但来年出苗很不整齐，不利于培育优质壮苗。

（四）播种方法

杜仲大田播种方法分为点播、条播和撒播3种。

1. 点播

点播前在整好的苗床内先灌1次透水，待水刚刚渗下后，在畦的两端用线绳按25～30厘米的行距拉上线，再按3～5厘米的株距顺线安放已发芽的种子。种子以立放最好，种柄向上，如种子平放，则发芽、露白的一面向下为宜。种子安放完后，撤掉拉绳，从邻畦取疏松的表土覆土，覆土时可沿播种行进行，行间不覆土。覆完土后需用木板将覆土轻轻压实，但不可重压和重拍。具体点播时应注意以下几点。①所点播种子均应为已发芽、露白种子，即种子发芽一批就播种下地一批，不露白的种子不播种。这样虽然费工，但可确保苗全。②用于覆土的土壤质地应为壤土或砂壤土，不可用黏土，如土质偏黏，则应客土覆盖，否则幼苗难以出土。③覆土厚度务必严格控制在 2 厘米左右，因杜仲幼苗是带子叶出土，出土阻力大，覆土过厚则幼苗难以出土。如春季播种时苗床墒情好，亦可在畦内按 25 ~ 30 厘米行距开沟，深 2 ~ 3 厘米，用水壶或水桶往沟内溜水，待水渗下后，随后往沟内按 3 ~ 5 厘米的株距进行点种。如土质为壤土或砂壤土，可用开沟出来的土进行覆土。如土质偏黏，则需客土覆盖。其他操作同上。由于点播能够节约种子而又保证全苗，且出苗后当年不需再行移栽，所以生产上采用较多，是育苗生产土最常用的播种方法，尤其在种子和土地紧缺的情况下更为适宜。

2. 开沟撒播

在畦内按 25 ~ 30 厘米行距开沟，根据墒情顺沟灌水，水下渗后，将经过催芽的种子撒入沟内。因撒的种子包括未发芽、露白的种子在内，故种子的株距应大体控制在 2 ~ 3 厘米，然后覆土，轻轻压实。由于该方法是对经过催芽的种子一次性播种，且种子在沟内撒播，不需逐个安放，所以省工、省时，在我国杜仲主产区已得到较为广泛的采用。该方法的缺点是出苗往往不均匀，稠的地方需要间苗，过稀的地方需要移栽补苗。该方法适宜于春季降水多且种子充足的地区，土壤质地为壤土或砂壤土。土壤质地黏重的地块不可采取开沟撒播的方法。

3. 畦面撒播

在整好的畦内先灌 1 次透水，水刚刚渗下随即往畦内撒种，撒种要均匀，大体控制在种子之间的距离为3厘米左右，即每平方米撒种1 000粒左右。撒完后随即覆土，覆土厚度以2厘米左右为宜。最后用木板将畦内覆土刮平，并稍微压实。该方法的优点是省工省时，便于对幼苗集中管理。缺点是浪费种子，且幼苗长出2对真叶时需进行移栽。该方法适合于种子充足且播种当时暂无空闲育苗地时采用。

4. 深沟撒播

在我国西北干旱、多风的地区，为提高播种后幼苗根际土壤保水能力，提高苗木存活率，常在播种时开12～15厘米深的深沟，将沟底用脚踏实，沟内浇水，待水渗下后随即在沟底撒种，然后覆土2～3厘米厚。待苗木出土后逐渐将沟填平。

综上所述，杜仲播种不管采取何种方法，都要注意3个问题。一是要保证土壤墒情好，土壤干燥时应浇水造墒；二是覆土厚度以2厘米为宜，偏厚时幼苗难以出土，偏薄时容易使种子失水而失去发芽能力，三是所用覆土必须是疏松的壤土或砂壤土，如质地黏重，土壤易板结，幼苗无法出土，造成出苗率很低。

5. 播种量

杜仲种子大小和播种方式不同，播种量差异很大。一般情况下，如进行点播，每公顷需种子100～120千克；如开沟撒播，每公顷需种子150～180千克。以上每公顷可平均生产苗木30万～45万株。如进行畦面撒播，每公顷则需种子450～600千克，可出幼苗120万～150万株，待长出2对真叶时再进行移栽。

杜仲种子的萌发和出土与一般植物不同，先是胚根从种子内萌发长出，向下伸长，随后胚茎及子叶逐渐伸出，当2个子叶从种子内完全抽出后，则幼茎将2个细长的子叶挺出地面，以后2个子叶之间的胚芽逐渐向上生长，并长出真叶，从而形成一株幼苗。

二、扦插繁殖

扦插技术作为繁殖良种的主要方法之一，在花卉和许多树种上已广泛应用，取得了良好效果。扦插繁殖也可保持母本优良性状。由于它不需嫁接，育苗周期较短，比较容易生根的树种进行扦插，可以大大加快良种的繁殖速度。杜仲扦插繁殖的历史不长，但近来国内有关单位的研究和部分产区实践，取得了较好的效果。杜仲育苗中应用的扦插繁殖方法，主要为嫩枝扦插法。

采用幼龄化的穗条扦插是保证杜仲嫩枝扦插高成活率的首要条件。春夏之交，剪取 1 年生嫩枝，剪成长 5 ~ 6 厘米的插条，插入苗床，入土深 2 ~ 3 厘米，在土壤温度为 21 ~ 25℃ 条件下，经 15 ~ 30 天即可生根。如用 0. 05 毫升/升，萘乙酸处理插条 24 小时，插条成活率可达 80% 以上。

杜仲插穗对基质排水、透气性比较敏感。有研究证明，用 70% 细沙 + 20% 黄土和 10% 苔藓作基质，扦插成活率较高。各地在应用时可灵活掌握，总之要保持插穗土壤良好的通气性。

杜仲在生长季节都可进行嫩枝扦插。春季，开始扦插的时间视各地杜仲萌动时间而定。新萌条长至 10 厘米时就可扦插。根据洛阳林业科学研究所的试验，杜仲在 4 ~ 9 月份都可扦插，各个时期的扦插成活率和幼苗移栽成活率的差异不明显，但移栽苗新梢生长量差异显著。

杜仲埋根萌条在采条后用湿毛巾在室内阴凉处常温保湿，储放 72 小时后扦插，成活率仍可高达 92%。不同储放时间，对扦插成活率影响不明显。因此，杜仲嫩枝插穗在充分保湿并防止堆积发热情况下，可储放 3 天。

顶梢生长素含量高，扦插易成活，所以应尽量用带顶梢的插穗扦插。削取的插穗需将基部 3 ~ 4 厘米处的叶片削掉，留上部幼叶 4 ~ 6 片，然后放入 600 倍菌毒清溶液中浸泡 10 分钟，再用 0. 01% 的 ABT 生根粉 1 号浸基部 1 ~ 2 小时。经过生根粉处理之后，对难生根的壮龄母树穗条有促进生根的作用。

三、埋根繁殖

在秋季杜仲落叶后至春季土壤解冻前挖取良种大树根段，将根段截成15厘米长，两端剪平。每100根捆成一捆，及时进行沙藏处理。春季利用河沙作埋根床，沙厚20厘米左右，将根段平埋于河沙池中，上盖1.5厘米河沙，沙的湿度与贮藏种子沙的湿度相当。埋床用0.3%～0.5%的高锰酸钾充分消毒，搭设塑料拱形棚。经常检查沙床湿度及时补充水分。实践表明，以直径1.5厘米左右的种根成活率较高，根段越粗萌苗数越多，但生根力越弱。母树年龄越大，根段生根力越弱。杜仲根萌苗主要发生部位在根段端部愈伤组织处，杜仲根段在形态学上端和下端愈伤组织上都能产生根萌苗，说明杜仲根段具有极性较弱现象，幼龄的种根用平埋的方式有利于形态学下端产生根萌苗。

大树根段埋根繁殖，是保存良种资源的有效方法，但根段有限，大面积繁殖受到限制。杜仲也可利用露地插根进行繁殖，起苗时剪下较粗根段，或挖取幼树根段，剪成7～10厘米长。正插于备好的苗床中，上端与地面平齐，上盖1.5厘米厚的细湿土，行距30厘米，株距10厘米，作成3行宽的畦，搭设塑料拱棚。

埋根、嫁接和嫩枝扦插3种方法配套应用，可提高繁殖系数，加快良种苗木的繁殖速度，对实现杜仲生产良种化具有重要意义。

四、留床根育苗

冬、春季起苗时，在不影响苗木造林成活率的前提下，将苗木根系截断一部分留在土壤内，然后顺原苗行开挖成宽“V”形沟，深度视留根位置而定，一般深15厘米左右，宽20厘米。露出所留断根1厘米长，用利剪剪去端部毛茬，倾斜45°。然后用塑料薄膜盖成宽30厘米，高20厘米的微型拱棚，留根可从端部萌出数个至十几个萌芽，萌芽5厘米高时揭去拱棚，原则上每根只留1个粗壮萌条使长成壮苗，其余萌条高10厘米左右时用刀片削取进行扦插。幼苗长出土面后，逐步用土将“V”形沟填平，可进行正常苗圃管理。一般留床根苗当年苗苗高可达到1.5米，地径1.2厘米以上。留床根苗往往根系不发达，侧部萌苗多形成拐形根，6～7 月份可用铁锹将两侧根斩断，促发须根，提高造林成活率。

五、带根埋条繁殖

该方法是将 1 年生杜仲实生苗或扦插苗整株平埋于苗床内，促使腋芽萌条生根，达到 1 株繁殖多株的目的。选择土质疏松的砂壤土作苗床，将床面上整细整平，选择优质壮苗作为埋条材料，用 0.05% ABT 生根粉浸泡枝条 20 分钟，将处理好的杜仲苗按株距 10 厘米，行距 100～150 厘米（根据苗木高度而定）栽好后，再用竹竿逐行压倒覆土，覆土厚度 1.5～2 厘米，不宜过深。苗木梢部要用土压紧，防止苗干拱起。埋条后 10～15 天，如温度适宜，苗干上会萌条 5～15 个，当萌条高度达 10 厘米以上时，为促进萌条基部生根，及时盖上一层湿润细土。当萌条高度达 50 厘米以上时，检查萌条基部生根情况，对生根的萌条用剪刀从萌条间剪断，使萌条生长成独立植株。带根埋条适于小面积繁殖育苗，尤其对优良品种扦插苗埋条后可扩大繁殖良种，对未生根的萌条还可采穗进行嫁接。

六、压条繁殖

春季选强壮枝条压入土中，深 15 厘米，待萌蘖抽生高达 7～10 厘米时，培土压实。经过 15～30 天，萌蘖基部可发生新根。深秋或翌春挖起，将萌蘖一一分开即可定植。压条繁殖在河南洛阳、南阳等地应用较多。常在杜仲林内进行。一般是结合密植园经营，在苗木定植第 2 年平茬或林木砍伐后，每株萌生的数个至数十个萌条，选择强壮的 1～2 个萌条培养成植株，其余萌条在植株周围均匀选留 4～8 个，逐步平拉。冬季苗木落叶后在各萌条下面挖 35 厘米左右深的坑，将萌条慢慢弯曲成弓形，萌条上部露出土面，最下部用芽接刀刻伤 2～3 刀，用 0.01% ABT 生根粉涂抹刻伤处，然后封土与地面平。这种方法压条生根率较高，一般冬季压条，翌年 6、7 月份就生根，8 月底将压条与母树切断，冬季就可用这些切取的植株造林。这种方法适宜农村庭院进行，效果良好，大面积进行不利于行间种植、操作等，繁殖系数不高。

七、嫁接繁殖

用2年生苗作砧木，选优良母本树上1年生枝作接穗，于早春切接于砧木上，成活率可达90%以上。经过嫁接的良种植株与实生单株相比，主要有保持良种优良性状，提高产皮、产叶量，促进提前结实，高接换优，加快优良品种的繁殖速度等优点。

（一）接穗的选择、采集与保存

目前我国通过鉴定的杜仲优良品种中，华仲1～9号、秦仲1～4号均可作为接穗的主要选择材料。采穗时可根据不同经营目的，如果建立良种果园（种子园），接穗应选择树冠外围生长正常、芽体饱满、无病虫害的1年生枝；如果建立以产皮、产叶为目的的速生丰产林，则剪取树冠中、下部充实的1年生直立枝条作接穗。

（二）嫁接时期

杜仲苗的嫁接时期分春季嫁接和夏秋季嫁接。春季嫁接时间因各地气候条件的差异而不同，一般在芽开始萌动时就可嫁接。夏秋季为杜仲嫁接的主要时期。根据砧木生长和穗条成熟情况。5月上、中旬当年生枝条达半木质化以上，砧木粗度达到0.6厘米（地上5厘米处）以上即可进行嫁接。

（三）嫁接方法

目前，杜仲嫁接的主要方法有：带木质嵌芽接、带木质芽片贴接、方块芽接、“¬ ”形芽接、切接、劈接和插皮接等。

1. 带木质嵌芽接

带木质嵌芽接可在春、夏、秋多季节嫁接，方法简单，易掌握，嫁接成活率高，为生产上最普遍采用的一种嫁接方法。

带木质嵌芽接的主要技术环节如下。

①嫁接前4~5天将苗圃地浇透1次水。

②嫁接时首先在接穗上削取一盾形芽片，厚约2~3毫米，然后在砧木上削取同样大小的盾片，砧木的切削位置在地上部5厘米左右，选择砧木光滑一面切削。最后将接穗芽片插在削掉的砧木盾片处。应该注意的是，芽片削取要大，芽片长3厘米左右，其中芽下1厘米，芽上2厘米。砧木和接穗形成层要对好，然后用保湿性能好的塑料条进行包扎，接芽可露，也可不露。

③杜仲在春季至7月底以前嫁接的，解绑可根据接芽萌动情况进行逐渐解绑或全部解绑。一般接后7天在接芽以上2厘米处剪砧。接后10天芽开始萌动，这时先将芽上部包扎的薄膜用刀片划开，使芽抽枝生长1个月后全部解绑。8月份以后嫁接的，接芽当年不萌动，最好在翌年春季树木萌动前半个月进行剪砧，剪砧位置在接芽以上2厘米左右。接芽开始萌动后解绑。

④接芽萌动后要及时抹去砧木上的其他萌条。注意，部分接芽会出现芽片成活，但主芽脱落的情况，只要加强抹芽，大部分芽片上的副芽能够萌发1个或2个芽，不影响嫁接效果。

掌握好以上关键技术，嫁接成活率可大大提高。

2. 带木质芽片贴接

春季和夏秋季均可嫁接，适合在较大砧木上应用。这种方法愈合速度快，愈合好，成活率高。具体操作方法如下。

（1）削接芽　先在接芽下1.5厘米处自下向上，紧贴皮层，由浅到深，略带木质，推刀到芽基上端1.5厘米处。削下的芽片呈梭形。推削时宜先轻、中重、后轻，即在芽片两端推刀轻，在芽基部位用刀重，带上芽眼，芽基处的厚度约1.5毫米。

（2）削砧木　在砧木嫁接部位光滑面也从下向上削去一片砧皮，其形状、大小和梭形芽片相当，削面要光滑，深度达木质部。

（3）贴芽片、包扎　削好砧木后，立即把梭形芽片下端与砧木下削口对齐，同时使芽片一侧边缘与砧木削皮的同侧边缘的形成层对齐；最后用1厘米左右宽的塑料条自下而上将接芽包扎好，接芽可露，可不露。包扎过程中按紧芽片，勿使芽片错位。

3. 方块芽接

方块芽接在夏秋季树液流动旺盛期应用，必须以砧、穗离皮为前提。该方法芽片愈合面大，嫁接成活率高，可达95%以上，唯芽片削取要求较高，嫁接速度较慢。嫁接时，要选择砧木嫁接部位平滑面，将砧木嫁接部位与接穗取芽的部位对齐，用芽接刀或特制刀片同时在砧木和接穗芽上下各划一线痕，长约2厘米，接芽上、下各1厘米。然后按划定长度分别在砧木和接穗上、下方和两侧各切1刀成方块状，剥去砧木切削部位的树皮，再轻轻剥下接芽芽片，并迅速镶入砧木切口，使芽片下方和一侧与砧木切口对应部位贴紧，用塑料条包扎好即可。杜仲方块芽接的关键技术是，在剥取芽片时要谨慎小心，避免杜仲芽的生长点被剥掉，造成嫁接失败。

4. “¬”形芽接

在树液流动旺盛砧穗离皮时进行。嫁接时先在砧木上横切一刀，宽0.6~1.0厘米左右，再从横刀口一侧纵切，长2厘米左右，上部与横刀相接。然后在选好的接芽上端0.5厘米处和一侧也同样各切1刀，长度与砧木相当，深度达木质部。再在芽下处由浅入深向上推刀，深达木质部当纵刀口和横刀口相交时，用手捏住芽柄一掰，即可取出三角形芽片。将芽片小端随刀口斜插入砧木皮层，使芽片上端切口与砧木横切口对接好，削掉砧木皮层盖住芽体的部分，用塑料条从芽下部绑到横切口上方，注意叶柄宜露在外面。

5. 切接

只在春季嫁接时应用，适于粗度1厘米以上的砧木。切接时，将砧木距地面5厘米左右剪断，选光滑平整的一侧。从断面1/3处用刀垂直切下，长3厘米左右。将选好的接穗，正面削一长削面，长度与砧木劈口相当，背面再削一马耳形小削面长0.5~1厘米；然后接穗留2~3个芽剪断，将大削面向里，贴砧木切口插下，使砧木与接穗形成层对准，用塑料条绑紧。用湿土埋一高出接穗顶端1厘米左右的土堆。当接穗成活长出10厘米左右新梢时，解除包扎塑料条。嫁接后也可采用套塑料袋方法；成活萌条后，及时去袋、解绑。用切接法嫁接成活率可达到70%。

6. 插皮接

常用于春季嫁接，要求砧木已离皮。先选好需要嫁接的部位。在光滑平直处将砧木剪断；然后将接穗预留芽的同侧削一马耳形的大削面，长3~4厘米，然后将马耳形削面端部的背面削1刀。在砧木光滑面一侧用刀纵割1刀，深达木质部，长2~3厘米，同时用刀轻挑两边皮层，将接穗长削面向里，顺裂开的皮层慢慢插入，接穗削面上部留0.3厘米，这样有利于愈合并形成平滑的接口部位。插接后，用塑料条绑好接口和砧木断面，预防失水进风，影响成活率。用此法嫁接成活率可达84.6%。

7. 劈接

一般在春季杜仲萌动前进行。嫁接时选择地径1厘米以上的砧木，在离地面5~10厘米处剪断砧木，从砧面中间垂直向下劈一长4~5厘米的切口。然后将接穗两面分别削成同等的两个斜面。其中一侧稍薄，斜面长4~5厘米，撬开砧木切口，将插穗插入切口，使砧木与接穗的形成层对齐，“留白”2~3厘米。绑扎方法同插皮接，劈接嫁接成活率达到70%。

八、快速微繁殖技术

利用组织培养的方法培育苗木，具有繁殖速度快，繁殖系数高，可进行大面积工厂化育苗等优点，尤其在快速繁殖优良品种等方面具有独特的优势。我国关于杜仲组织培养的研究开展时间较短，20世纪80年代中期有关单位相继开展了组织培养诱导植株再生的研究，均取得良好的效果。所用外植体为下胚轴、子叶、侧芽等，采用MS培养基附加其他成分进行培养。

第四章　杜仲整形与修剪

一、杜仲整形修剪的主要方法

1. 平茬

平茬是以产皮为主的杜仲最基本、最关键的整形修剪技术之一。它是利用杜仲萌芽力强的特点，将幼树从地面以上一定部位把主干剪去的一种修剪技术。杜仲枝条呈不同程度的“Z”形特点，特别是1年生杜仲苗，苗干“Z”形特点更为明显。加之杜仲无顶芽的特点，造林后第二、三年芽萌发较旺，但生长直立性差，往往不能形成明显的主干，长势弱，容易形成“小老树”，这种现象在干旱地区表现更为突出。第二年剪梢接干的效果也不理想。而植株平茬后，生长位置降低，生长点减少，根冠比增大，养分供应相对集中，刺激萌芽极性生长加快，干形通直，树势旺盛，生长迅速。平茬后的植株由于干形直，剥皮容易，皮张整齐，木材质量高，枝叶茂密，明显提高了药、材、叶的质量。各产区在新建杜仲园时可酌情采用。一般可在杜仲栽植时或栽植1年后平茬，平茬时间在落叶后至春季萌芽前10天进行。平茬部位在地面以上的2~4厘米处。苗高2米以上的2年生苗圃平茬苗或嫁接苗，栽植后不再进行平茬。

2. 除萌与抹芽

杜仲具有极强的萌芽特性。平茬或枝干短截后，会从剪口以下萌生许多萌芽，这些萌芽除根据需要必须保留之外，其余的萌芽要及时除去。平茬当年的保留萌条，在生长过程中，叶腋内腋芽会大量萌发，如果任其生长，会侧生许多分枝，消耗大量养分和水分，影响主干生长。因此，应及时抹去叶腋萌芽，以促进主干旺盛生长。

3. 疏枝与短截

疏枝是将枝条从基部剪除。杜仲不仅萌芽力强，萌芽后抽枝力也很强。杜仲幼树萌芽成枝率高达94%以上。这些萌发的枝条会造成枝叶过于密集，通风透光不良。内膛叶片薄，长期得不到充足的光线，枝条会逐渐枯死，叶面积指数降低，生长量下降，产叶量减少。杜仲无顶芽，而下部芽又往往同时萌发，造成“群龙无首”的现象，影响主干生长，高生长减慢。当多个枝条密集在一起时就会形成“卡脖子”现象。为改善植株的通风透光条件，根据经营目的，应适当疏除竞争枝、徒长枝、过密枝、重叠枝、轮生枝、位置不当的交叉枝、细弱枝和病虫枝等。每次疏剪量不宜太大，否则也会影响树势。

短截是根据需要将植株萌条剪短一部分，促发萌条、调整树形结构和平衡营养的一种修剪措施。在杜仲上主要用在幼树、丛状矮林方式、采叶园、高产胶果园以及树势弱需要复壮的植株上。成年大树由于树体高大，操作不方便，较少应用。短截后的枝条萌发新梢生长十分旺盛，枝条粗壮，可超过未短截枝条的30%～60%。对主干较弱的植株，采用短截可显著促进树高生长。根据短截强度可分为轻短截、中短截和重短截。轻短截一般剪去枝条长的1/5～1/4，中短截一般剪去枝条长度的1/3～1/2，重短截一般留基部6～10个芽或剪掉枝条长度的一般留基部2/3左右。

4. 回缩与截干

回缩是在多年生枝的适当部位剪截。一般在大树衰弱枝、多次短截的枝条上以及过于密集的枝上应用，目的是改善光照、恢复树势，保持枝条萌芽活力。截干是针对主干弯曲的多年生幼树或改变经营目的，如乔林改成头林，矮林改为采叶林等，而在主干上一定部位用剪刀或锯截断的一种修剪方式。对弯曲植株，应在弯曲处截干，改变经营目的可根据需要，在高度0.6～1.5米处截去主干。

二、药兼用型杜仲的修剪

1. 栽植第一、二年的修剪

栽植后前2年的修剪比较简单，但很关键。对于土质肥沃，有灌溉条件的园地，栽植后进行平茬比较理想。方法是在栽植后至春季萌动前，在定植苗木地面2～3厘米以上处剪掉苗木。平茬后，春季会抽生3～6个萌条，留生长最旺盛的萌条，将其余抹去。萌条生长过程中叶腋内会抽生少量小枝，也应及时抹去。平茬当年苗高2.5米以上。第二年萌芽抽枝后，将主干高度1/3以下的萌芽抹去，并及时剪去竞争枝，生长季节对过密的幼嫩枝条要适当疏除。

对于园地条件一般的杜仲，可在栽植第二年平茬。栽植当年应对所有定植苗木进行剪梢，剪梢长度20厘米左右，以促发萌条。待萌条生长至50厘米以上时，及时摘心控制萌条生长，促使主干增粗，第一年地径要求达到2.0～2.5厘米。幼树在秋季落叶后至春季萌芽前10天进行平茬，平茬高度2～4厘米。平茬后苗桩会抽生5～10多个萌条，萌条生长旺盛，叶腋内会抽生许多小枝，也应及时抹去。平茬时剪口部位不可过低，如低于原苗木根茎部以下，皮部很难萌生不定芽，这部分幼树一般在剪口处形成愈伤组织，再进一步从愈伤组织上形成萌芽，这种类型的萌芽形成时间比正常萌芽迟30～40天，当年生长量较小，苗高比正常平茬苗低一半左右，仅1.4～1.7米。

2. 第三至五年幼树的修剪

第三至五年的幼树主要以疏枝和抹芽为主。每年秋季落叶后至萌芽前，将主干下部枝条逐个疏除，疏枝后主干高度控制在树高的1/3～1/2。对于过密枝、生长旺盛的竞争枝同时疏除，但注意每次枝条疏除不宜过大，以不超过总枝量的20%为度。对主干当年生萌条长势较弱的，采取中短截，促进树高生长。夏季对主干分枝以下的萌芽要及时抹去，对疏枝后剪口处萌发的幼芽也应抹去。若采用平茬技术并配合其他技术修剪，可使杜仲树生长发育良好，而只采取修枝措施的，其生长不如前者。采用平茬技术，5 年后的树高可达 6 米以上，胸径 8 厘米以上，而不采取措施的树高为 4.3 米，胸径为 7.4 厘米。

3. 6 年生以上杜仲树的修剪

6 年生以上杜仲树主干高、树形都基本固定。这一阶段修剪量较小，除每年冬季疏除少量多余枝条外，主要以短截为主。6 年以上杜仲树，树高生长逐步减慢，通过短截梢部萌条，增强树冠顶部生长势，可促进高生长。同时，对树冠中下部枝条适当短截，保持整个树体长势，增加产量，促进胸径生长。对于进入成熟龄的杜仲树（10 ~25 年），以及老龄杜仲树，重点是疏除病虫枝、干枯枝、回缩衰弱枝组，以改善光照条件；短截中上部枝条，调整树体长势，增加叶片质量，保持树体活力。

三、杜仲采叶园的修剪

以生产叶子为主的杜仲，修剪目的是提高产叶量，要求采叶方便，一般为低干型或无主干型。单株树形采用圆柱形或圆锥形，大密度栽植呈圆球形或篱带状。不论何种栽植方式，栽植后都进行平茬，第二年根据设计方案在不同高度处短截，干高 20 ~100 厘米，树高 2.0 ~2.5 米，按照设计的干高，每年冬春留新梢 3 ~5 厘米重短截，促发新萌条。不修剪而多次采叶的，采叶后萌芽慢、长势弱、产叶量低，甚至不及秋季一次性采叶效果好。不同措施的采叶对树体生长均有影响，不修剪采叶的更为明显。在生产上宜采用短截的方法采收树叶。具体方法是，药用采叶园，5、7、10 月每次将所有萌条留 3 ~5 厘米重截，采收树叶，最后一次采叶在霜降以后；胶用杜仲采叶园，每年 10 月中、下旬短截采叶 1 次。

四、良种果园的整形修剪技术

（一）幼树和初开花、结果树的整形修剪

杜仲果园主要的丰产树形为自然开心型和自然圆头形，树高控制在2.5～3米。这一时期是指1～5年生幼树，修剪的主要任务是培养合理牢固的骨架，促进树冠快速成形，同时采取有效措施，促使提早结果，并给盛果期丰产打好基础。其修剪措施主要是培养骨架、夏剪及结果枝组的培养等。

1. 骨干枝的培养

定植后的幼树，一般在定干部位以下20～30厘米范围能萌发4～6个枝条。新栽苗当年缓苗期较长，生长量小，夏季选择分布均匀的3～4个枝条，逐步向下拉枝，使之与主干呈70°～90°角。冬季，对达到3～4个合理枝的幼树，将分布均匀的3～4个分枝短截20厘米左右，其余枝条疏除，促进萌条。对枝条不够，或分布不合理的单株，所有枝条靠基部剪除，促发萌条。当新稍长达80～100厘米时逐步拉枝。第二年冬季对培养的主枝拉开角度80°～90°，除了过弱枝之外，一般不短截。夏季主枝背上萌发许多直立的旺梢，可拿枝、疏除、摘心，疏除量不宜超过新梢数量的30%。第三年冬季主枝骨架已基本形成，杜仲幼树整形以疏枝、摘心、拿枝为主，由于杜仲树势旺，萌芽抽枝力强，所以只宜少短截，多拉枝。

2. 夏季修剪

杜仲幼树枝条生长旺盛，分枝多，树冠扩大较快，这时应及时采取生长季节的修剪，促使早结果、多结果长季节主要采取拿枝、开张角度以及环剥、环割等措施。

（1）拿枝　对背枝及影响骨架生长的所有枝条，采用拿枝的手法促使开花结果。操作时应注意，杜仲幼嫩枝条较脆、易断裂，拿枝时要小心谨慎，宜从枝条基部开始拿枝，可减少枝条断裂。拿枝时间为6～7月份。

(2) 主干、主枝环剥与环割 环剥与环割是促进杜仲花芽形成、提早结果的有效措施；环割是将主干、主枝用嫁接刀或环割刀环状割伤2~3圈，刀口间距离2毫米左右，深达木质部。环剥与环割后的植株，生长势受到控制，能够有效地防止枝条徒长，促进花芽形成。高接后通过环剥或环割措施，第二年植株全部开花结果，而未进行环剥或环割的植株第3年才开花结果。环剥或环割时间一般在5月中旬至6月下旬进行。环剥宽度根据环剥后是否包扎剥口以及主干和主枝粗度而定。环割后进行包扎，环剥宽度可为枝干粗的1/3~1/2，环剥后用塑料薄膜包扎，环剥后用布包扎，环剥宽度为枝干粗的1/10~1/8，但最宽不超过2厘米，以利环剥愈合，环剥后刮去环剥部位形成层。

(3) 摘心、抹芽 摘心对抑制旺枝生长、增加枝的级次和促花均有一定效果。一般是一年摘心1~2次，当新梢长至30厘米左右时摘去顶梢3~5厘米。摘心主要部位：幼树、旺树骨干枝的延长梢；主侧枝的背上枝，秋梢嫩尖。对内膛、主干第分枝以下等处萌发的幼芽，要及时抹去。

（二）结果枝组的培养

杜仲结果部位在当年生枝条基部。因此，培养1年生枝越多，丰产的可能性越大。杜仲1年生枝条抹芽抽枝率可达80%以上，不采取任何修剪措施就可抽生大量1年生枝，将这些枝条合理分配好空间是保证多结果的前提。这些枝条要求多而不密，充分受光。因此对重叠枝、幼弱枝、过密枝、严重影响光照的背上枝要及时疏除。其余枝条可通过拿枝、轻短截等来改变角度，调整营养空间，使枝组分布合理，有均匀的光照条件。根据具体情况，枝组可培养成长筒形或扁平扇状。

（三）盛果期的修剪

经过嫁接的杜仲雌株，6年生以后进入盛果期。这一时期，修剪的主要任务是改善树冠透光条件，枝组的培养、固定和更新，使其尽量克服大小年结果现象，力争优质、高产、稳产。如果不注意控制果量，很容易形成大小年结果现象。为了克服大小年现象，应在大年时减少坐果量，节约树体营养，并在大年的5月下旬至7月中旬对主干、主枝进行环剥，促进花芽形成。同时，必须加强土、肥、水的综合管理。

五、杜仲雄花茶园的整形修剪技术

（一）杜仲雄花采集与修剪的特点

杜仲雄花茶园主要在每年春季提供杜仲雄花茶的原料。大量雄花着生于当年萌条的基部，杜仲雄花先于叶开放或与叶同时开放，并且雄花丛紧紧与萌发的芽体抱在一起。在采集雄花时，如果只采集雄花，很容易损伤刚萌发的幼芽，严重影响植株的生长发育。雄花宜与芽体一起采集。因此，杜仲雄花的采集最好与茶园的整形修剪结合起来，将着生雄花的枝条在一定部位剪除，在修剪掉的枝条上采集雄花。

（二）杜仲雄花茶园的整形修剪技术

雄花茶园的树形根据栽植密度和管理方式等可修剪成自然圆头形、自然开心形或圆柱形。定植后或嫁接后的植株，每株留4～6个萌条。生长季节将所有萌条进行拉枝处理，拉枝处理后的枝条与水平面呈20°～30°的夹角。冬季将当年萌条短截1/3～1/2，培养成主枝。第二年春季，主枝上萌芽抽枝长度达30厘米以上时，逐步将新枝条向主枝两侧拿枝。第三年以后，雄花茶园植株开始开花。每年春季，在杜仲雄花的盛花期，结合杜仲雄花的采集，在开花枝条基部以上第4～6个芽处将枝条截短，对过密枝或衰弱枝从该枝条基部疏除，在剪掉的枝条上收集雄花。

（三）环剥、环割促花技术

环剥、环割的时间是每年夏季5月下旬至6月下旬进行。环剥的具体方法是：①在主干、主枝上环剥长度为5～10厘米，环剥后在环剥部位喷施500毫克/千克的“杜仲增皮灵”，然后用塑料薄膜包扎，10天后解开包扎物。②在主干、主枝上环剥长度为0.5～1.0厘米，在上下两刀口间留一宽0.3～0.5厘米的树皮带，环剥后剥面暴露。

第五章　杜仲园土、肥、水管理

一、土壤管理

我国杜仲多栽植在山地、丘陵及河滩、沙荒地。其中山地、丘陵栽植面积占85%以上。在这些地区建园一般土层较薄、肥力低、有机质少、漏水漏肥；幼树生长严重不良，“小老树”较多。因此，必须深翻改土，熟化土壤，从根本上改良土壤结构和养分状况。

（一）深翻改土

1. 深翻时间和深度

原则上一年四季均可进行，但以秋季深翻较好，具体时间可根据劳力情况，最好在农闲时进行。一般在9~10月份，此时深翻断根恢复较快、产生新根早，有利于树体养分贮存和安全越冬。其他时间深翻可根据各地具体气候、耕作特点进行。深翻的深度视土质情况，在土质黏重、坚实、料姜和石砾较多的园地，深度80~100厘米；土质比较疏松、土壤肥沃的地块，深度50~70厘米；深翻过程中要注意尽量不伤根系，尤其0.5厘米以上的侧根，因为这些根系破坏后恢复再生根能力较弱。

2. 深翻方法

（1）*扩穴深翻*　为使杜仲幼树根系扩大，栽植第二年以后，逐步从定植穴、沟开始向外挖轮状沟、平行沟，直至挖通整个杜仲园为止。

（2）*株行间深翻*　密植杜仲园，一般要求挖槽整地栽植，栽植后株间可不再深翻。集中在行间靠定植边缘向行中间翻，密植杜仲园行较窄，最好一次完成深翻。行距较大的杜仲园，可分2～3年完成深翻。

（3）全园深翻　进行整个杜仲园的一次性深翻，一般应在当年一次完成，深翻土壤面积大，便于平整地面，根系损失轻，幼树园应采用此法。

深翻过程中要结合施底肥，以熟化土壤。先将不易腐烂的树枝、硬秸草等分层次施入深翻层的底部。有灌溉条件的地块深翻后应及时灌水，灌透全部深翻后踏实土层，特别在北方春季地区尤为重要。

（二）刨树盘

刨树盘是杜仲园简单易行而又有效的土壤管理方法。每年可刨2～3次。第一次在春季2～3月份，北方地区在土壤解冻后进行，这时刨树盘有利于提高地温，蓄水保墒。第二次在6～7月，具体时间南方可在6月中下旬，北方地区宜在7月份雨季，这时刨树盘可清除杂草，松土蓄水，还可结合追肥进行。第三次在秋后，南方在11月份，北方在土壤封冻前进行，有利于熟化土壤、消灭越冬病虫害，这时刨树盘可结合消除园内枯枝、病虫枝进行。刨树盘范围应比树冠垂直投影稍大。深度以不伤或少伤杜仲根系为度，一般约20厘米深。

（三）杜仲园深耕

深耕主要适用于平原区和坡度较小的丘陵区。一般在落叶前进行，耕作深度20～25厘米。此时根系生长比较旺盛，断根易恢复，有利于树体贮存营养，特别是北方地区还可防止冻梢，使树体安全越冬。深耕后还可积蓄大量雨雪，满足翌年春季杜仲生长的需要，并能铲除各种宿根性杂草，消灭部分地下越冬害虫。

（四）间作

杜仲园在幼树期，园内空地较多，在行间合理间种农作物，既能充分利用土地、增加早期收入，又可以耕代抚，使行间得到相应的管理，提高土壤肥力，促使树体生长。间作物品种要根据土壤、行间距等情况适当地选择。首先，可选择生长周期短，与杜仲不争水、肥并能够改良土壤结构的作物，如绿豆、黄豆、黑豆等；还可种植经济价值较高的西瓜、甜瓜、蔬菜、草本药材等经济作物以及间作经济树种苗木。不可种植高杆作物。

（五）覆盖

覆盖主要在北方地区应用，分为有机物覆盖和地膜覆盖。覆盖有机物具有扩大根系分布范围，保持土壤水分，稳定地温，防止杜仲根系受冻，增加土壤养分和保肥、保水等作用。特别适合土壤贫瘠、缺水且无灌溉条件的高寒地区，覆盖麦草、豆叶、树叶、野草等是进行采叶园经营有效的冬季保护措施。夏季和秋季均可覆盖，厚度 15 ~ 20 厘米，覆盖位置以树干为中心方圆 1 米范围内，覆盖后压上适量土，预防风刮等。杜仲园在北方地区还可采用盖地膜的方法，能起到增温、保墒、防冻的效果。常用有机覆盖物也有不足之处，如易发生火灾，常引入许多啮齿目动物，会带来杂草种子，成本较高，劳动强度大等。

二、施肥

（一）主要营养元素对杜仲的作用

1. 氮

氮是蛋白质的基础物质，又是构成叶绿素的重要成分。氮素主要集中在杜仲生长旺盛部位，如茎尖、叶、花、雌株幼果、根尖及形成层等处光合作用和蛋白质的合成，使枝条生长细弱，叶片小而薄，严重时可造成叶片黄化，提前落叶。氮素过多，枝叶生长旺盛，这对于杜仲果园来说十分不利，它可造成花芽分化不良，枝条旺长，产果量降低。

2. 磷

构成核酸、磷脂、维生素和某些辅酶的重要物质。磷直接参与呼吸作用和糖酵解过程，参与蛋白质和脂肪的代谢过程，并与光合作用有直接关系。磷在新梢、新根、种子中含量较多，与细胞分裂有密切关系。磷可提高树体可溶性糖含量，促进雌、雄株花芽分化，增加雌株坐果率，提高产果量。还可促进树体发育，增强树体抗性。磷不足时，枝条生长受阻，叶片变小，积累的糖分转化为花青素，严重时叶片出现紫色或红色斑块，叶缘出现坏死现象。枝条萌芽率降低，花芽分化困难，果实发育不良，种仁部分变黑。树体抗逆性减弱，早期落叶，产量下降。磷肥与氮肥的比为1:3时植株才能生长健壮，结实率高。如果磷施用过多，则易发生缺铁、缺铜症。

3. 钾

钾在植物体内不参与任何稳定的结构物质的形成，但其作用却十分重要。它是多种酶的活化剂。钾能增强叶片光合作用，促进枝条成熟，增强树体抗性，增大杜仲雌株果实，提高果实平均千粒重。钾缺乏时造成树体代谢紊乱，物质合成受阻，新梢细弱，停止生长早，叶绿素合成受阻，叶色变至青绿色，边缘枯焦或向下反卷而枯死。钾过多会影响镁、铁、锌的吸收，叶脉织坏死、枝条枯死。过酸土壤、砂质土、有机质含量过多的土壤都可能缺钙。但钙过量会影响铁的吸收。

除上述元素外，铁、硼、锌、镁等也是树体生长不可缺少的矿质元素，相互间不可替代，在杜仲施肥中，应多增施农家肥，补充多种必须矿质元素，提高杜仲整体产量和质量。

（二）施肥时期、数量与方法

1. 基肥

每年秋季9～11月份施肥为宜。秋季早施农家肥易分解，可在晚秋和翌年春季被杜仲吸收利用，有利于根系生长发育，促进叶的光合作用，增加有机物的贮藏积累。南方产区整个冬季都可施肥，北方产区如在土壤封冻前施不完，可在春季土壤解冻后进行，但效果不如秋施好。

基肥以农家肥、人粪尿、饼肥为主，也可施过磷酸钙、复合肥、磷酸二铵等。

施肥数量根据树龄大小，造林时每公顷施农家肥 45～75 吨加复合肥 0.75 吨或磷酸二铵 0.6 吨。1～3 年树龄，每株施农家肥 5～10 千克加饼肥 0.25～0.5 千克，或施人粪尿 5 千克；4～7 年树龄，每株施农家肥 12.5～15 千克，加饼肥 0.75～1.0 千克，或人粪尿 7.5 千克；8 年以上树龄，每株施农家肥 20 千克加饼肥 1.5 千克，或株施人粪尿 10 千克。不同地区可根据本地区土壤养分状况，补施有关肥料，如缺钙地可增施钙肥。土壤酸度过大时可增施石灰等调节 pH 值。

基肥施用方法主要有全园施肥法、放射状沟施法、环状沟施法、条状沟施法和穴状施肥法（图 5－1）。

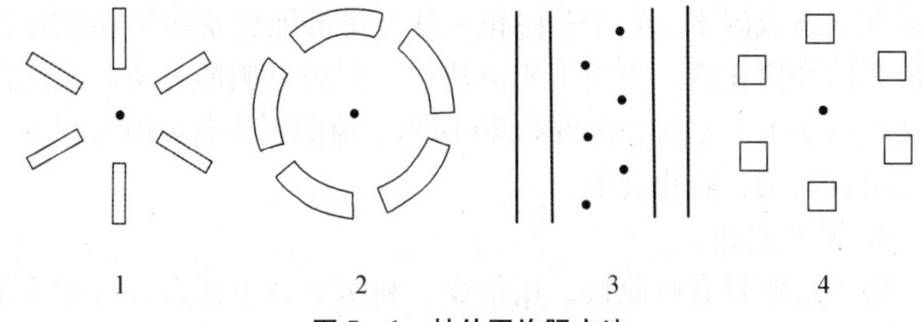

图 5－1　杜仲园施肥方法

1. 放射状沟施肥　2. 环状沟施肥　3. 条状沟施肥　4. 穴状施肥

（1）*全园施肥法*　结合整地将肥料均匀施于杜仲园内，一般在密植的杜仲园、中等密度较大的园内或郁闭的成年园内应用较多。

（2）*放射状沟施法*　以树干为中心，在树冠垂直投影四周等距离挖 4～6 条放射状沟，深度、长度根据施肥量和树冠大小而定，沟宽一般 30～40 厘米。沟的位置，自树冠垂直投影半径 1/2 处向外挖沟，一半在树冠垂直投影之下，一半在树冠垂直投影外。沟的深度 30～50 厘米，平地、地下水位浅的地方可稍浅。沟的深度自树冠垂直投影内向外逐渐加深，开沟位置逐年变换。该方法主要在大冠稀植园内应用。

（3）环状沟施法　在树冠垂直投影两侧的外沿 20～30 厘米处，挖深 30～50 厘米，宽 30～40 厘米的环状沟进行施肥，这种方法适于树冠较小的幼树。沟的位置随树冠扩大而外移。

（4）条状沟施肥法　在树冠垂直投影两侧各挖一条施肥沟，宽 20～40 厘米，深 30～40 厘米，沟的长度根据植株分布情况而定。这种方法适于在带状栽植等密植园内应用。

（5）穴状施肥法　在树冠垂直投影外缘附近，挖 4～8 个 30～40 平方厘米的施肥穴，一般幼树 4～5 个，大树 7～8 个。

2. 土壤追肥

生长季节对杜仲追施速效肥，能够满足其生长发育的需要，促进枝叶生长和雌株开花结果。每年 3 月中旬、5 月中旬各施一次碳酸氢铵或尿素，7 月中旬和 8 月上旬再施过磷酸钙和氯化钾或硝酸磷和氯化钾。土壤追肥方法可参照施基肥的方法，追肥沟比基肥沟小 1/2 左右，深度约 20 厘米。追肥要注意分散施用，并与土混合均匀，防止烧根。

3. 根外追肥

根外追肥具有吸收快、用量少、利用率高等特点，可作为辅助追肥措施，增加和平衡树体营养。根外追肥主要用速效化肥，如尿素、磷酸二氢钾以及硼、铁、锌、镁等微量元素，还可用含有各种营养成分的全营养液肥如高美施等。叶面喷肥后 2～3 个小时便可被叶片吸收，在沙荒地杜仲园土壤追肥、保肥效果较差，叶面喷肥效果更好。叶面喷肥时间一般在 10：00 前和 16：00 后，避免在高温下追肥从而引起药害，雨天也不宜喷肥。

叶面喷肥一般 6 月底以前以尿素为主，7 月份加磷酸二氢钾，喷施浓度为 0.3% ～0.5%，防治各种缺素症可加入缺素肥料，浓度一般 0.2% ～0.5%，其他肥料施用方法可参考产品说明书进行。

三、园地灌溉

根据各地气候特点、土壤墒情及不同发育期的要求，应及时灌水。生长季节一般结合施肥、追肥后及时灌透一次水，秋末在北方地区应浇一次封冻水。各地根据园地墒情适时浇水。不能浇灌的地块也可用人力畜力挑、拉水浇树。灌溉的方法主要有穴灌、沟灌、喷灌、分区灌、滴灌等。

第六章　杜仲采收加工与贮藏

杜仲全身是宝，其皮、叶、花、果实和树身都有经济价值，下面分别从皮、叶、花和果实四部分描述杜仲的采收、加工和贮藏方法。

一、杜仲皮

（一）采收

早在20世纪70～80年代初，青岛的王凤亭和北京大学的李正理、崔克明等就进行了杜仲剥皮再生试验。据北京大学生物系的研究，形成新皮的不是形成层细胞，而是未成熟的木质部细胞及射线细胞。杜仲剥皮再生试验的成功以及对其内在机理的深入研究，都证明了杜仲皮的愈合再生能力极强。人们利用杜仲的这一特性，终于摆脱了伐木剥皮的落后方式。对杜仲的干、枝可进行大面积的环剥，从主干以下全部环剥，剥后还可再生新皮。再生皮和原生皮有相同的成分和药效。环剥可反复进行，一般2～3年一个周期。这对于保护和节约杜仲资源、提高杜仲的利用率和经济效益、缩短投产周期十分重要。20世纪90年代以来，杜仲环剥再生技术已在陕西汉中和贵州遵义等地区广泛推广，并取得了良好的效益。

杜仲经济剥皮年限以15～20年为适宜。剥皮时期为4～6月树木生长旺盛时期，此时树皮容易剥落，也易于再次愈合。树皮采收方法主要有以下几种。

1. 大面积环状剥皮

用嫁接刀在主要分枝下10厘米处至地面上10～20厘米之间的主干上纵切1刀，要求切开树皮而不伤及木质部；再从切口两端，与主干垂直之处各横切1圈，但不全切断树皮；然后用刀柄楔形尾部从纵切口上部往下小心撬起树皮，使树皮的韧皮部与木质部分离，用手向一侧慢慢撕下一整围树皮，并随撕随用刀尖切断上下两端尚未切断的部分。剥皮长度最长可按近2米，一般在1米左右。

环剥法主要有3种刀法：

（1）“T”形环剥法（2刀法）　选取健壮植株，先在树干分叉处的下面环割1圈，再进行垂直纵割，呈“T”形。然后撬起树皮，沿纵割的刀痕向两侧撕，随撕随割断残留的韧皮部，待绕树干1周全部把树皮剥离后，再向下剥，直剥到离地面10～20厘米处为止。

（2）“工”字形环剥法（3刀法）　用弯刀在主干离地面1.5米处环割1圈，在向下50厘米处同样环割1圈，然后在两环割圈间浅浅地纵割1刀，呈“工”字形。撬起树皮，用手向两旁撕裂剥下，但不可将手或剥皮工具接触剥面。

（3）“Ⅱ”字形环剥法（4刀法）　用弯刀在主干分叉处的下面环割一圈，再在距地面10～20厘米处同样环割1圈，然后再在两环割正、背两面浅浅地垂直纵割2刀，呈“Ⅱ”字形。先撬起一半树皮，用手向一侧撕，待一半撕完后，再撕另一半。此法易于撕剥树皮，但剥下的皮面积小了一半。

2. 小块轮剥

杜仲皮的商品规格为长40～80厘米，宽不少于4厘米。应在既保证商品规格，又尽可能缩小创面的前提下，采用小块轮剥的方法，即先在主干上主要分枝下方10厘米处用铅笔或粉笔垂直划两条间隔4厘米的直线；然后在这两条直线之间，从离地面10～20厘米处开始划第一根横线由此往上隔40厘米划第二根横线，再往上隔10厘米划第三根横线加此反复往上划。其中，间隔60厘米的两横线之间为剥皮部分，间隔10厘米的两横线之间不剥。开割时先沿直线竖向切树皮，切至韧皮部，不伤木质部；然后沿横线横切，上面刀口朝下偏45°，下面刀口转上偏45°，以防伤及木质部；最后用刀尖或竹片将树皮撬开撕下。先剥第一段，再依此剥第二段、第三段，最多剥3段。第一条纵皮带剥完后，在其旁边留4厘米宽不剥，然后再照前法划线剥。剥完后，树干上便留下了一条条4厘米宽上下连接的树皮带，靠这些树皮带输送养分，保证剥皮杜仲成活。因此，剥皮时不得将这部分树皮切断。不久，剥皮部分就可以长出再生新皮。第二年又可开剥上年末剥的树皮带。3~4年后新生的树皮又能再次开剥。这种小块分段剥取的树皮，长短宽窄一致，加工出来的商品外观整齐，色泽纯正。

（二）剥面保护方法

1. 塑料薄膜包裹法

用透明的塑料薄膜包裹剥面1圈，一个月后取下塑料薄膜树干仍呈绿色，一般在21天左右就可看到形成层向内分化的木质部和向外分化的韧皮部。缺点是内部湿度很大、温度很高，不透水、透气，容易感染细菌病，使再生新皮发生坏死。

2. 牛皮纸包裹法

先用4~6条竹条（长度超过剥面高度8厘米左右）环绕木质部，按等距离排放一圈，竹条上下两端搭放在树干未剥的原皮上，并用塑料条扎牢，然后再在竹条外边包裹牛皮纸，上下两端用塑料条包扎一圈，接口用胶水粘住，此法既透水透气又较牢固。

3. 原皮包裹法

把剥下的杜仲皮，仍然复位在原剥皮处，两端用塑料条扎紧，7天后取掉即可，效果也较好。

（三）环状剥皮时期

新树皮再生成败与剥皮方法和剥皮时期都有很大关系。剥皮时期对新树皮再生影响较大的因子主要是气温和湿度。在山东，剥皮时期应选在适当高温（25～36℃）、高湿（相对湿度80%以上）和昼夜温差不太大的夏季，一般在6～7月，过早和过晚均不好。过早温度低、湿度不够（相对湿度75%以下），剥皮后，木质部外表直接暴露在干燥空气中，容易因水分剧烈蒸发而脱水，致使原生质分离。另外，湿度低，细胞分裂能力弱；剥皮过晚，雨季已过，昼夜温差大，白天光照强，夜间温度低，细胞分裂渐次减弱、停止，也不利于再生皮形成。

在湖南，在5月上旬进行环剥新皮再生效果好。当林内气温在20℃以上（即5月中旬以前）再生新皮极少发生烂皮病；5月底至6月初，气温上升至20℃以上，日温差5℃左右，相对湿度84%以上时烂皮病开始发生；而后随气温的升高，烂皮病发生逐渐加重，7～8月为发病高峰期，9月以后逐渐减弱，最后停止发生。但受害部位翌年仍能扩展蔓延，直至整株再生新皮全部腐烂为止。

综上所述，各地的气候条件不同，温度、湿度差异较大。所以，最佳环剥时期应经过试验而定，但大致时期在5月上旬至7月上旬。

（四）环状剥皮注意事项

环状剥皮除注意选样适当时期外，还应注意避免雨天剥皮，在雨天剥皮，暴露在本质部表层的细胞会吸水胀破或滋生病菌，不能很好地形成新皮（剥皮后5小时要避免雨害）；避免烈日暴晒，因为剥皮后未成熟的木质部细胞直接暴露在烈日下，会使水分急剧蒸发而脱水或被紫外线灼伤，不能形成新皮。因此，阴而无雨的天气最好。

1. 剥面保护

杜仲环状剥皮若时期适当、方法恰当，则剥皮后剥面无需保护，就能自然地产生新皮。但有些地方，即使所选的剥皮时期适宜，而且方法也恰当，但由于剥皮后遇到异常天气（烈日或阴雨），再生新皮质量也不尽如人意，就需要进行剥面保护。

2. 杜仲环剥烂皮的防治

剥皮时由于不小心触及了剥面，或由于温度、湿度的原因，杜仲再生新皮经常发生烂皮病。该病初期呈褐色斑块或圆形、椭圆形突起，形状好似烫伤的水泡，有淡黄色液体流出，其斑块逐渐向四周扩散，随后再生新皮呈黑色腐烂状，质如海绵，表面有一层浅灰色半透明薄膜，后期腐烂部分干缩，木质部裸露霉变，不再生长新皮。当腐烂部位环绕树干 1 周时，输导组织被破坏，当即植株枯死。防治杜仲烂皮病应注意以下几点。

（1）选择剥皮时期　选择 7 月中旬病菌越夏期和树木增粗生长期，进行剥皮再生作业，可减轻和避免再生新皮发生烂皮病。

（2）避免剥面受创伤　剥皮后作好保护措施，包扎材料要洁净、无破损，避免再生新皮受到创伤。另外，还要防止雨水或昆虫进入剥面。

（3）剥皮后勤检查　剥面如有积水或昆虫进入，应及时排除。如发现烂皮病斑可用药棉蘸 500 倍退菌特（或多菌灵、甲基托布津等杀菌农药）药液轻涂于病斑处，涂药后需将剥面重新扎好。

（4）解除包扎　新皮形成后，应及时解除包扎，以防止长期缺水而坏死，并招致病菌侵入。

对于烂皮病，可用 1/500 的退菌特（或多菌灵）在去掉包被的牛皮纸后进行第一次喷洒防治，以后经常观察，如果发现有褐色斑块状腐烂出现并向四周扩散时，再喷药，每次喷药间隔 10 ~ 15 天。如果褐包斑块腐烂比较严重时，就用利刀刮掉，防止扩散蔓延（不到万不得已的时候不采取刀刮的方法，因为刀刮后，这一小块就不会再长出新皮）。也可用 P751 菌液（贵州省林业科学研究所生产）。具体方法是，环剥时，严格按照技术要求进行，剥面长 100 厘米，环剥工具严格消毒，剥后即用报纸包被剥面，若干天后撤除报纸，然后将药液喷洒于剥面。

3. 加速剥皮再生的方法

在剥皮 24 小时后涂抹 10 毫克/千克赤雷素（GA3）和 10 毫克/千克和萘乙酸（NAA），1 周后所形成的愈伤组织差不多比不涂抹的厚 1 倍，木栓形成层的发生也早。

河南省洛阳林业科学研究所研制的高效树木增皮灵是高效的树皮愈合生长促进剂，它通过合理补充外源激素、维生素等物质，能明显促进树干形成层细胞分裂、生长。剥皮后喷施高效树木增皮灵能使受伤的形成层很快愈合形成新皮，促进再生皮加速生长，割伤主干后喷施树皮，能明显刺激主干生长加租，树皮增厚。

4. 具体操作注意事项

①环剥前必须准备好芽接刀、剪刀、高级透明塑料薄膜、电工胶布和酒精等用品。剥皮前，操作者的手和所使用的工具都要用酒精消毒，动作要稳当、利索，以减少环剥部位遭受感染的机会。

②环剥树段的下割线应距地面 10 ~ 20 厘米，上割线视树高而定，一般 40 厘米 1 节。剥皮长短对新皮的再生影响不大，总剥皮长度可达 200 ~ 240 厘米（即 5 ~ 6 节）。

③剥皮时应选择生长旺盛的壮年树（胸径 14 厘米以上），发育不良或长势衰弱的树不宜剥皮。

④不要在雨天环剥。阴雨天气会使暴露在木质部外层的幼嫩细胞组织因吸水过多而胀破，造成发霉而不能愈合。

⑤环剥部位避免烈日暴晒。剥皮后，幼嫩细胞若直接暴露在烈日下，会使水分急剧蒸发而脱水或被紫外线灼伤而不能形成新皮，剥皮时间最好选在阴天或傍晚。

⑥环剥后暂时不要在园内喷洒农药，以免污染幼嫩细胞。

⑦对裸露的幼嫩细胞（即树干木质部外面那一层白色黏液）不要用手触摸，也不能发生机械损伤，为此。剥皮前应砍去树干周围50厘米范围内的灌木和杂草。

（五）产地加工和炮制

1. 产地加工

树皮采收后用沸水烫后，展平，将皮的内面两两相对，层层重叠压紧平放在以稻草垫底的平地上，上盖木板，加重物压实，四周加草围紧，使其“发汗”，约经1周，内皮呈暗紫色时可取出晒干，刮去表面粗皮，修切整齐即可。如果皮色还是紫红色，须再压发热，直到变成暗紫色或紫褐色为止。压平晒干后的杜仲皮，外皮粗糙要刨削粗糙表皮，再分成各种规模打捆出售。

分级以肉厚、块完整，外表皮平，断面丝多，内表皮暗紫色或紫褐色，有光润感者为上等品；肉薄、表皮粗糙，断面丝少，内表皮紫红色为二等品。

立地光照充足的散生壮年树，单株树皮产量可达35千克，折干率（1.5～2）∶1。

2. 杜仲的炮制

（1）*砂烫杜仲* 将杜仲切成2～3毫米宽的细丝片，将干净砂加热至200℃，把杜仲丝片置锅内炒至杜仲断丝为止，表面呈黑褐色，内部焦黄。

（2）*盐砂烫杜仲* 杜仲皮切丝后，用含盐量为2%的盐水喷匀，闷润1小时，再倒入200℃热砂中，炒至断丝为止，500克杜仲约用盐10克左右。

（3）*蒸杜仲* 取杜仲丝片用盐水润透后，放一夜，再蒸1小时晒干，用盐量与盐砂烫的方法相同。

（六）贮藏

将已分好等级的杜仲皮分类装好，排列整齐，打捆成件，贮存于阴凉、干燥的地方。

二、杜仲叶

（一）采收

杜仲树叶的采收。选择无病虫害和没有喷洒过农药的树木，要采绿叶，忌采发黄的叶，因为绿叶有效成分含量高，发黄叶含量少。栽后1年的幼树都可根据生长势逐年采摘。采叶时间可根据不同地区杜仲叶中有效成分含量的高峰期决定，一般在6～10月进行。采摘过早，有碍树体生长。应以落叶前采摘为宜，供药用树叶应去除叶柄，剔除枯叶、虫口、残叶，晒干后可出售。如要提取杜仲胶，多于10月份落叶时采摘，连柄一起直接集中晒干，进行加工。

（二）加工

杜仲树叶的加工可分为2种类型。一是开发叶代替皮作为药用材料，需经加工制成滋补饮料和降压药、降压茶等饮品，以满足人们对于保健用药的市场需求。二是提炼杜仲胶用，常见的提炼方法有碱浸法。主要的加工环节包括晒干、贮藏、分级、包装。

为防止腐烂，杜仲叶采收后要先摊放在室内，并及时进行杀青处理。常见杀青方法是以普通铁锅作为炒锅，翻炒至叶面失去光泽、叶色暗绿、叶质柔软、失重30%左右即可。

（三）贮藏

杀青处理后的杜仲叶要及时烘烤或晾干，去除杂质，装袋。制胶用的杜仲叶也要晾干装袋，存放于干燥、通风的仓库里，注意防潮、防晒、防虫、防鼠害。

三、杜仲果实

（一）种子的采集

选择生长健壮、叶大、皮厚、无病虫害、未剥过皮的20～40年生的雌株作采种母树。但不能采集荫郁林内和受光不足的母树种子。种子的采集要适时进行，采收过早会因种子未充分成熟而影响播种质量，采种过晚会使种子自然落地后发生霉烂，在北方还会遭受霜冻危害而影响种子的发芽。种子形态成熟时表现为棕黄色或米黄色，种皮光亮，种仁处向外突出明显，且手感坚硬，种翅明显失水。剥开种皮后，胚乳呈米黄色，似半透明状，子叶白色至乳白色。采种的具体时间，北方一般在10月下旬。采种时应选择晴天进行，雨天采种常会使采下种子发生霉烂。采种时尽可能用手采摘，或者在树下铺上大块塑料布，然后用竹竿把种子轻轻打落。打落时应尽量不损伤枝条，否则会影响植株的生长及翌年种实的产量。最后将打落的种子收集在一起，除去杂质。

（二）种子的晾晒

种子从野外采回后，应置于室外阴凉、通风处晾干。摊晾厚度以5～10厘米为宜，且每2～3小时上下翻动一次，一般晾晒2天后即可贮藏。采下的种子不可在强光下暴晒，更不可在烘房内烘干，否则将严重降低种子发芽率。晾晒好的种子的适宜含水量应控制在10%左右。含水量过高，种子容易霉烂；含水量过低，则容易使种子胚组织失水，而影响发芽。

（三）种子的贮藏

杜仲种子属于短命种子，在低温、密闭条件下有利于种子较长时间保持发芽率。如在室内自然通风条件下贮藏，3个月以后发芽率为60%～80%，6个月以后发芽率仅为40%～50%。杜仲种子在1～5℃低温条件下及塑料袋封闭条件下贮藏，1年后种子发芽率均在80%以上；将种子混湿沙贮藏，翌年春天播种时，发芽率可达60%以上，但混干沙贮藏，发芽率仅为30%左右。

四、杜仲雄花

杜仲雄花的采收时间应根据杜仲雄花的开花期而定。因各产区气候条件的差异开花时间各不相同，长江以南地区约为3月10日至4月5日；黄河、淮河流域在3月下旬至4月中旬；石家庄及其以北地区约在4月上旬至4月下旬。

采花时，根据修剪要求在剪下的雄花枝上采集雄花。采摘时雄蕊与萌芽分开放，然后将丛状雄花的每个雄蕊分开，以便于杀青，并使雄花茶茶体形状美观。经过细致筛选的杜仲雄花放于干净、干燥通风处摊晾12～24小时，摊晾后的杜仲雄花可进行雄花茶加工。如果产花量大，暂时来不及加工的，可进行低温贮藏保鲜，保鲜温度2～5℃。准备保鲜的杜仲雄花不进行筛选和初加工。保鲜的雄花可用塑料袋或纸箱包装，每袋（箱）2～3千克。保鲜过程中要防止堆积发热及雄花失水，雄花贮藏时最好不与其他物品放在一起，避免雄花被污染或串味。

第七章　杜仲主要病虫害的防治

一、苗圃（幼苗）期主要病、虫害及防治

（一）根腐病

1. 症状

发病植株地上部枝叶萎缩，严重者慢慢枯死，拔出病苗一般根皮留在土壤中，病株根部至茎部的木质部呈条状不规则紫色纹，病苗叶片干枯后不落。

2. 病原

病原主要为镰刀菌一种，属半知菌亚门真菌。此外，丝核菌、腐霉菌等也可侵染造成根腐。

3. 发生规律

该病原菌属土壤栖居菌，遇到适宜的发病条件，可随时侵染引起发病。多在苗圃和5年生以下的幼树上发生，6~8月为该病主要发生期。整地粗放、苗床太低、床面不平、圃地积水及苗圃缺乏有机肥、土壤贫瘠、连续育苗的老苗圃地易发生该病。

4. 防治方法

（1）选好圃地　宜选择土壤疏松、肥沃，排灌条件好的地块育苗，尽量避免重茬。长期种植蔬菜、豆类、瓜类、棉花、马铃薯的地块也不宜作杜仲苗圃地。

（2）土壤消毒　播种前，每667亩用70%五氯硝基苯粉剂1千克或用硫酸亚铁粉剂20千克撒于畦面，翻入土壤中，7天后播种。酸性土壤每亩撒0.3吨石灰，也可达到消毒目的。

(3) 种子处理　精选优质无病种子，在催芽前，用1%高锰酸钾溶液浸泡30分钟消毒。

(4) 加强土壤管理　疏松土壤、及时排水，也能有效预防和抵抗根腐病。

(5) 药剂防治　发病初期，喷施50%托布津400~800倍液、50%退菌特500倍液或25%多菌灵800倍液，均有良好的效果。已经死亡的幼苗或幼树要立即挖除烧毁，并在发病处施药杀菌。

(二) 苗期立枯病（又名猝倒病）

1. 症状

该病多发生在幼苗出土后2个月内和茎部尚未木质化时期。发病初期幼苗根基部组织腐烂，呈半透明状，地上茎叶退色、萎蔫，甚至变褐色折倒，太阳一晒，苗木干枯，故称猝倒病。幼苗进入木质化时，根皮和侧根受病菌感染后萎蔫死亡，但因茎部已木质化，幼苗虽死但不倒伏，病苗稍弯曲下垂，拔出病株，根部已腐烂，但可见木质部分。

2. 病原

该病的病原为立枯丝核菌 *Rhizoctonia solani* Küehn，属半知菌亚门真菌。

3. 发生规律

该病菌属土壤栖居菌，遇到适宜的发病条件，可随时侵染引起发病。多发生在4~6月，也有发生在夏末秋初的。低温、高湿、土壤板结或播种后覆土过深以及重茬地易感此病。

4. 防治方法

参照根腐病防治方法。

(三) 小地老虎

1. 危害特点

以幼虫危害，是苗圃中常见的地下害虫。幼虫在3龄以前昼夜活动，多群集在叶或茎上危害，3龄以后分散活动，白天潜伏于土壤表层，夜间出土危害，咬断幼苗的根或未出土的幼苗，具有将咬断的幼苗拖入穴中的观象。

2. 防治方法

(1) 加强管理 及时铲除田间杂草，消灭卵及低龄幼虫，在高龄幼虫期，每天清晨检查，发现新萎蔫的幼苗可扒开表土捕杀幼虫。

(2) 药剂防治 可用50%辛硫磷乳油800倍液、90%敌百虫晶体600～800倍液、20%速灭杀丁或2.5%溴氰菊酯2 000倍液喷雾。

(四) 蛴螬

1. 分布与危害

蛴螬是金龟子幼虫的总称，在我国发生种类多、分布广。金龟子发生种类较多的有暗黑鳃金龟 *Holotrichia parallela* Motschulsky、华北大黑鳃金龟 *H. oblita* Faldermann 和铜绿丽金龟 *Anomala corpulenta* Motschulsky 等。成虫和幼虫均可危害多种作物及果树。幼虫在地下咬断根颈，成虫多咬食果树、林木叶片。

2. 防治方法

播种前用50%辛硫磷乳油30倍液喷于窝面再翻于土中，之后播种。在生长期可用90%的敌百虫800倍液浇灌。此外，可设置黑光灯诱杀成虫。

(五) 蝼蛄

1. 习性及危害

发生危害的主要是非洲蝼蛄 *Gryllotalpa africana* Palisot et Beauvois 和华北蝼蛄 *Gryllotalpa unispina* Saussure 2 种。该虫昼伏夜出，夜间主要在表土层活动，尤其在气温高、湿度大、天气闷热的夜晚，活动更为频繁。初孵若虫有群集性，成虫具有趋光性，食性杂，嗜好香甜食物。以成虫和若虫在寄主表土层下开掘隧道，咀食危害。

2. 防治方法

将5千克谷秕子煮至半熟，或将5千克麦麸、棉籽饼等炒香后拌药（用90%敌百虫0.15千克兑水30倍）制成毒饵，选择无风、闷热的夜晚，将毒饵撒在蝼蛄隧道洞口处。此外，可设置黑光灯诱杀成虫。

杜仲幼苗期病虫害十分严重，生产中必须采取综合措施加以防治。应选用新土做床土、防止苗床积水、杜绝未腐熟的有机肥进入苗床，采用新鲜洁净的河沙沙藏种子、苗床及时通风排湿等农业措施，方法简单，无需特殊设备和增加投入，可大大减轻病虫的危害程度，是行之有效的措施。床土不合要求或侵染性病虫害发生时，施药防治是控制和减轻危害的必要措施。

二、成林期主要病虫害及防治

（一）叶枯病

1. 症状

该病主要危害叶片。发病初期叶片出现黑褐色病斑，随后逐渐扩大，密布全叶，病斑边缘褐色，中间灰白色，有时因干脆而破裂穿孔，严重时，叶片枯死。

2. 病原

该病的病原为一种壳针孢属真菌，属半知菌亚门。

3. 发生规律

病菌以菌丝体和分生孢子器在病残体上越冬。栽培管理粗放、通风透光条件差、树势生长衰弱时病害发生重。

4. 防治方法

（1）加强管理　冬季清除落叶枯枝，减少传染病原，初发病期及时摘除病叶。

（2）药剂防治　发病期可用50%多菌灵500倍液、75%百菌清600倍液或64%杀毒矾500倍液等交替喷施2～3次，间隔期7～10天。

（二）角斑病

1. 症状

该病主要危害叶片。发病初期出现不规则、褐色多角形病斑，病斑上有灰黑色霉状物。在秋季，有的病斑上长有病菌的有性孢子，呈散生颗粒状物，最后叶片变黑脱落。

2. 病原

该病的病原为一种尾孢属真菌，属半知菌亚门，其有性世代为一种球腔菌真菌。

3. 发生规律

病菌以子囊孢子越冬，是翌年的初次侵染源。每年 4 ~ 5 月开始发病，7 ~ 8 月发病较重。据调查，本病在各地杜仲林场和苗圃地都有发生，苗木和幼树发病较重，成年树发病轻。土地条件差、树势衰弱的发病重。

4. 防治方法

本病的防治关键在于加强田间管理，增施磷、钾肥，增强植株抗病力。发病初期喷施 1∶1∶100 的波尔多液，连续喷布 2 ~ 3 次,间隔期 7 ~ 10 天。

（三）褐斑病

1. 症状

该病主要危害叶片。发病初期出现圆形或近圆形、边缘明显的黄色至紫褐色的病斑，后期病斑中心变成灰褐色至灰黑色并生有许多小黑点，即病菌的子实体。严重时病斑连接形成大斑，致使叶片干枯脱落。

2. 病原

病原为一种盘多毛属真菌，属半知菌亚门。

3. 发生规律

病菌以分生孢子盘在病叶组织内越冬，翌年春条件适宜时产生分生孢子借风、雨传播危害。4 月上旬至 5 月中旬开始发病，

7～8月为发病盛期。据调查，栽植密度大、阴湿、土壤瘠薄的杜仲林易感病。温度高、湿度大有利于病害的扩展蔓延。

4. 防治方法

（1）加强管理　秋后清除落叶枯枝，集中烧毁，减少传染病原。加强田间管理，增强树势提高植株抗病力。

（2）药剂防治　在杜仲发芽前，用5波美度石硫合剂喷杀枯梢上的越冬病原，或喷施1:1:100波尔多液保护。发病期可用50%多菌灵可湿性粉剂500倍液、75%百菌清可湿性粉剂600倍液、64%杀毒矾可湿性粉剂500倍液、50%托布津400～600倍液、50%退菌特400～600倍液或65%代森锌600倍液交替喷施2～3次，间隔期7～10天。

（四）灰斑病

1. 症状

该病主要危害叶片和嫩梢。先自叶缘或叶脉发生，初呈紫褐色或淡褐色近圆形斑点，后扩大成灰色或灰白色凹凸不平的斑块，病斑上散生黑色霉点。嫩枝梢病斑黑褐色，呈椭圆形或梭形，后扩展成不规则形，后期有黑色霉点，严重时枝梢枯死。

2. 病原

病原为细交链孢 *Alternaria alternata*，属半知菌亚门。

3. 发生规律

病菌以分生孢子和菌丝体在病叶和病枝梢上越冬。翌年4月中旬产生分生孢子，借风、雨传播危害。5月中旬至6月上旬梅雨季节病害迅速蔓延。该病在贵州省湄潭、遵义2县的杜仲林内发生较重，如遵义县松林乡的杜仲林灰斑病发病率达100%，感病指数为57。

4. 防治方法

（1）加强管理　加强抚育管理，增强树势和植株抗病力，清除侵染源。

（2）*药剂防治* 杜仲发芽前，用0.3%五氯酚钠或5波美度石硫合剂喷杀枯梢上的越冬病原。发病初期，可喷洒50%托布津、50%退菌特400~600倍液或25%多菌灵1 000倍液。

（五）枝枯病

1. 症状

病害多发生在侧枝上。先是侧枝顶梢感病，然后向枝条基部扩展。感病枝皮层坏死，由灰褐色变为红褐色，后期病部皮层下长有针头状颗粒状物，即病菌的分生孢子器。当病部发展至环形时，引起枝条枯死。

2. 病原

病原为一种大茎点菌属真菌，属半知菌亚门。也有人认为其病原为一种茎点菌属真菌。

3. 发生规律

病菌是一种弱寄生菌，在枯枝上越冬。翌年借风、雨传播，从枝条上伤口或皮孔侵入。在土壤水肥条件差、抚育管理不好、生长衰弱的杜仲林蔓延扩展迅速。病害严重时，幼树主枝也可感病枯死。病害一般4~6月开始发生，7~8月为发病高峰期。据在遵义杜仲林场的调查，该病危害率达20%。

4. 防治方法

促进林木生长健壮和药剂涂抹修剪伤口是防治本病的重要措施。对感病枝进行修剪，并连同健康部剪去一段，伤口可用50%退菌特可湿性粉剂200倍液喷雾，或用波尔多液涂抹剪口。发病初期可喷施65%代森锌可湿性粉剂400~500倍液。

（六）豹纹木蠹蛾 *Zeuzera leuconotum* Butler

1. 危害特征

以幼虫蛀食杜仲枝干危害。

2. 形态特征

成虫体长22毫米，整个虫体生有灰色绒毛。雌蛾触角丝状，雄蛾羽状且先端细长如丝。翅上散生椭圆形深蓝色斑纹数 10 个，胸背具纵向排列的黑点 5 个，腹部黑色。雌体较雄体大。老熟幼虫头部黑褐色具光泽，略扁平而坚硬。胸、腹部紫红色或灰褐色，各体节上有小黑点，小黑点上着生短细毛土根，背线黑色。

3. 发生规律

一般二年发生 1 代，以幼虫在树干内越冬。翌年 3 月继续活动，4 月开始化蛹，蛹期 15 ~ 20 天。6 月中旬成虫大量羽化，羽化后 5 ~ 6 天交尾，17 ~ 18 天开始产卵，每只雌蛾可产卵 600 ~ 800 粒。成虫寿命 20 ~ 25 天，卵期 15 天左右，幼虫期很长，达 20 余个月。幼虫孵化后蛀树皮，以后蛀入韧皮部及形成层，直至木质部。随幼虫的增长，食量增大而使树干内形成长 50 ~ 130 厘米的扁平圆形蛀道。幼虫在蛀道内有上下往返的习性，因而使蛀道在树干内形成环状，所以被害树易倒折。当幼虫老熟后，便在蛀道内筑蛹室化蛹（蛹室的一端先咬一羽化孔而不穿皮），羽化时蛹半露于孔口外，羽化后留下蛹壳。该虫多发生在幼林内，南向山腰以下的疏林、林缘及孤立木受害重。

4. 防治方法

冬季应清除被害树木，并进行剥皮等处理，以消灭越冬幼虫。可于成虫羽化初期及产卵前利用白涂剂涂刷树干，以防产卵或产卵后使其干燥，而不能孵化；幼虫蛀入木质部后，可根据排出的虫粪找出蛀道，再用废布、废棉花等蘸取 90% 敌百虫原液或 50% 久效磷等塞入蛀道内，并以黄泥封口。如利用生物防治方法，可于 3 月中旬选择毛细雨或阴天，施用白僵菌，可使危害率下降 48.4%，也可向林内招引益鸟，捕食害虫。

（七）咖啡豹蠹蛾 *Zeuzera coffeae* Nietner

1. 危害特征

以幼虫蛀食枝干危害。

2. 形态特征

成虫体形较小，灰白色。雄虫体长 14 ~ 21 毫米，翅展 30 ~

34毫米，雌虫体长18~25毫米，翅展28~45毫米。头部小，复眼大，黑色，球形。初孵幼虫体长1~1.5毫米，头部深紫色，胸腹部淡红色。老熟时体长30~40毫米，肉红至紫红色。蛹体长圆筒形，褐红色，长19~25毫米，头部先端有一上下略扁的突起，形似鸟喙。

3. 发生规律

一年发生1代，以幼虫在蛀道内越冬（贵阳）。翌年3月初继续蛀害，5月初始见化蛹，蛹期15~20天。6月下旬为成虫羽化盛期。成虫寿命5~7天。每只雌虫的产卵量为275~667粒。卵期15天左右，6月上旬可见初孵幼虫，初孵幼虫有群集取食卵壳的习性，3~5天后渐渐分散。由于成虫羽化时间不一致，故在林间几乎任何时候都可见到幼虫。老熟幼虫化蛹前，先吐少量丝缀合木屑堵塞蛀道下方，然后在填塞处上方咬一斜向圆形羽化孔，羽化孔表皮咬至略与寄主表皮分离，形成羽化孔盖，再在距羽化孔盖3~4毫米处的上方造一直径1.5~2毫米的小孔道，最后将小孔道与羽化孔之间再用丝与木屑缀合堵塞，形成蛹室进行化蛹，15~20天后羽化。羽化后留下的棕色透明蛹壳，在羽化孔处久不失落，极易查见。幼虫期的天敌有白僵菌、小茧蜂、串珠镰刀菌等。

4. 防治方法

可参考豹纹木蠹蛾。

（八）刺蛾 *Cindocampa flavescens* Walker（俗称洋辣子）

1. 危害特征

危害杜仲的刺蛾有黄刺蛾、扁刺蛾、青刺蛾。刺蛾幼虫危害杜仲叶片，将叶吃成孔洞，缺口。

2. 形态特征

黄刺蛾虫体黄色，端部褐色，有两条深褐色斜纹，幼虫背面有褐色斑块，前后宽，中间细。青刺蛾成虫的头、胸、背面青绿色，腹部黄色，前翅青绿色，基角褐色，外缘有淡黄色宽带，老熟幼虫背面两排刺毛橙红色，尾端黑色瘤状突起，成虫体褐色，前翅暗灰色，有一条褐色斜纹，幼虫体较扁平，翠绿色，两侧各有一列较大的突起。

3. 发生规律

幼虫发生期为7月中旬至8月下旬。

4. 防治方法

人工消灭越冬茧，幼虫发生期喷施50%辛硫磷800倍液，发现初孵幼虫，摘除虫叶并消灭幼虫。利用刺蛾的趋光性进行灯光诱杀。释放赤眼蜂，每公顷3 000头，可收到良好效果。可用0.3亿个/毫升苏云金杆菌防治幼虫，施药6天后死亡率达100%。

（九）茶翅蝽象 *Halyomorpha picus* Fabricius（又名臭板虫、臭大姐）

1. 危害特征

以成虫、若虫危害。刺吸树幼嫩顶梢、叶、果实果柄部位的汁液。嫩梢被害后，顶梢干枯变黑，顶梢暂时停止生长，10～15天后由危害部侧芽萌发2～4个新梢，呈丛生状，危害杜仲果实，主要从果柄处刺吸果实汁液为主，被刺吸危害的果实逐渐干缩变黑，甚至脱落。

2. 形态特征

成虫体黄褐色至茶褐色。触角褐色，5节；第四节的两端和第5节的基部为黄褐色。前胸背板前缘有4个黄褐色排列斑。小盾片有5个小黄斑，两侧的斑点明显。

3. 发生规律

在河南省一年发生1代，以成虫在墙缝、石缝、树洞和草堆等处越冬。翌年5月中旬开始活动，危害杜仲幼嫩顶梢；6月中旬开始产卵，卵多产于叶背，常20余粒排列成一卵块。卵期4～5天，若虫孵化后，先静伏于卵壳周围或上面，以后分散危害。7月中旬出现当年成虫，发生不整齐。8月中旬越冬代成虫尚有产卵，9 月上旬仍能危害果实。9 月下旬以后当年成虫在房屋、石缝及其他场所潜伏越冬。

4. 防治方法

成虫越冬期在集中发生地进行人工捕捉。夏季在炎热的中午前后，该虫多群集于杜仲枝干背荫处，也可采取人工捕杀。茶翅蝽象危害杜仲嫩梢或果实较轻时，一般不进行化学防治。当危害果实严重时，喷施 50% 辛硫磷乳油 1 000 倍液。

（十）杜仲夜蛾 *Noctuiganus ulmoides*

1. 危害特征

以幼虫食叶，成孔洞或缺刻危害。

2. 防治方法

根据杜仲夜蛾 3 龄以后幼虫在黎明前下树潜伏在杂草或松土内、傍晚上树取食、老熟幼虫下树入土化蛹的习性，在树干上涂刷毒环或绑毒绳，阻杀上、下树幼虫。可用 20% 速灭菊酯乳油、25% 氯氰菊酯乳油、2.5% 溴氰菊酯乳油、5% 氰苯醚菊酯乳油、25% 菊乐合酯乳油、5% 来福宁、20% 灭扫利、50% 辛硫磷乳油等喷杀。

（十一）杜仲梦尼夜蛾 *Orthosia songi* Chen et Zhang sp. nov.

1. 分布

四川省大邑县和湖南省慈利县。

2. 发生规律

在大邑县一年发生 4 代，以蛹在土表层越冬。

3. 防治方法

参照杜仲夜蛾防治方法。

第八章　杜仲的开发利用

现代药理学研究证明，杜仲可调血压，有持久的降压作用，对血压偏低症具有提压功效。杜仲还可提高细胞的免疫功能，增强机体的非特异免疫能力。最新研究表明，杜仲叶有良好的保健作用，利用杜仲叶提取物生产的保健食品，如杜仲茶、杜仲酒、杜仲口服液、杜仲面条和杜仲叶食品添加剂等更是应运而生，数不胜数。杜仲木材坚硬，色泽洁白，纹理细密不裂不翘，是制造车、船、家具及装饰品的上等木材。杜仲的树皮、树叶和果实中含有的杜仲胶是一种硬性橡胶，耐酸碱与腐蚀，具有金属光泽，是制造海底电缆的材料，为我国特有的资源。

杜仲作为我国传统中药，入药已有2000多年的历史。国内外有关学者对杜仲的化学成分进行研究发现，杜仲皮、叶、果实和枝条中含有类似的化学成分，主要有木脂素类、环烯醚砧类、苯丙素类以及其他萜类化合物，还有多糖、黄酮、酚类、有机酸、氨基酸、矿质元素、维生素、醇类及杜仲胶等。其中，木脂素类有松脂醇二葡萄糖苷、丁香脂醇二葡萄糖苷、橄榄脂素和杜仲素A、B等。松脂醇二葡萄糖苷和丁香脂醇二葡萄糖苷，对动物血压具有双向调节功能，丁香脂醇二葡萄糖苷还具有增强记忆能力、增强动物耐久力、安定镇静、抗氧化、降低胆固醇及中性脂肪等功效。环烯醚萜苷类的都斛子酸具有促进胆汁分泌以及暂时性的降压作用，桃叶珊瑚苷具有较强的抗菌和利尿作用，车叶草苷和紫丁香苷为血管紧张素和环腺苷酸（cAMP）的抑制剂；绿原酸具有强烈的抗菌和类似肾上腺素的作用。杜仲各部分均含有丰富的维生素 E 和 β－胡萝卜素，有延缓衰老、增强机体免疫力的作用；杜仲多糖 A 和 B 具有对网状内皮系统的激活活性；目前杜仲皮叶中已检出 17 种游离氨基酸，还分离出具有明显促进 DNA、蛋白质合成和降压作用的三种结晶物质，即丁香脂素醇双糖苷、京尼平苷酸和松脂醇二葡萄糖苷。

杜仲皮是种植杜仲的主要产品和收益来源。近年的研究发现，杜仲皮、叶、果实和枝条中含有类似的化学成分。于是学者们对除杜仲皮外的叶、花、果实等进行了深入研究和开发，尽可能利用杜仲树的这些部位增产创收。

一、杜仲叶系列产品的开发

杜仲叶与杜仲皮的成分相似。杜仲皮含杜仲胶、糖苷、生物碱、果胶、脂肪、树脂、有机酸、水解前酮糖、水解后酮糖、维生素，以及醛糖和绿原酸等成分。同时，杜仲叶中不含任何兴奋物质和激素类物质。

（一）杜仲叶功能食品的研究与开发

随着对杜仲叶医疗保健功能的认识的逐步深入，以杜仲叶为原料的杜仲功能食品的研究开发已逐步开展。目前国内杜仲功能食品的生产厂家已达到 20 余家。开发的主要品种有杜仲茶、杜仲晶、杜仲冲剂、杜仲口服液、杜仲酒、杜仲纯粉、杜仲酱油、杜仲醋、杜仲可乐、杜仲咖啡、杜仲面粉、杜仲米粉等。

（二）杜仲叶饲料的开发

杜仲叶也是良好的畜禽功能饲料，四川等地很早就有利用杜仲叶喂养家畜的习惯。利用杜仲叶喂养动物能够明显改善畜禽和水产品的肉质和风味。

我国研究杜仲叶饲养动物的工作刚刚开展，没有形成规模化生产，杜仲饲料添加剂还没有投放市场。日本在利用杜仲叶做茶叶和保健品的同时，开展了杜仲叶饲喂动物的研究和开发工作。

在日本，人们以杜仲叶试喂猪、鸡、牛、鹿、鱼等动物，并以切碎的叶沫添加到饲料中投放市场，开发的饲料主要有宠物颗粒膨化饲料及鱼饵料等。高桥周七等研究表明，鱼和鸡食用拌有杜仲叶的饲料，体内不必要的脂肪和胆固醇明显减少，鸡肉、鱼肉的强度显著提高，味道鲜美。用杜仲叶饲喂的鳗鱼，其肉又嫩又香，很受欢迎。饲喂杜仲叶的肉鸡炖汤可与土鸡炖汤的味道相媲美。在蛋鸡饲料中加入杜仲叶，可使蛋鸡的产蛋率提高10%以上，蛋内的胆固醇含量降低24%，日本生产的“杜仲蛋”已出口美国。

杜仲叶功能饲料加工技术简单，市场广阔。在一般饲料中，可根据不同生育阶段加入不同量的杜仲叶粉进行混配，通常加杜仲叶粉的比例为2.5%～10%。因此，合理开发杜仲叶功能饲料对提高我国肉蛋质量，改善人体营养状况具有重要意义。

（三）杜仲胶高分子材料的研究与应用开发

国际上习惯称杜仲胶为“古塔波胶”（Gutta－Percha）或“巴拉塔胶”，是普通天然橡胶（三叶橡胶）的同分异构体，其化学结构为反式－聚异戊二烯，是一种特殊的天然高分子材料，其开发史可追溯到19世纪40年代。因其具有在室温下质硬、熔点低、易于加工、电绝缘性好等特点，长期以来被用作塑料代用品。

国内外对杜仲胶的研究由于没有在机理和加工技术上找到突破口，长期处于停滞不前的境地，相关文献极少，只进行了一些结构表征研究工作，如杜仲胶的红外、DTA、X－射线衍射及显微分析等，改性研究的应用也只局限于海底电缆、高尔夫球、假发基等方面。20世纪50年代以来，随着合成塑料的高速发展，又给杜仲胶本来很窄的应用范围带来新的冲击，致使杜仲胶研究开发濒临停顿。多年来，不少科学家一直试图将杜仲胶加工成高弹性体，均未取得实质性突破。1984年，我国“反式－聚异戊二烯硫化橡胶的制法”的问世标志着杜仲胶的研究与开发进入了一个新纪元。严瑞芳等国内众多学者围绕杜仲胶这一高分子材料进行了一系列基础与应用开发研究，取得了较大的进展。

随着对杜仲胶硫化过程规律性认识的深入，目前已开发出3大类不同用途的材料，即热塑性材料、热弹性材料和橡胶弹性材料，具有“橡—塑二重性”。杜仲胶作为热塑性材料具有低温可塑加工性，可开发具有医疗、保健、康复等多种用途的人体医用功能材料；作为热弹性材料具有形状记忆功能，还具有储能、吸能、换能等特性，在开发新功能材料方面具有很大潜力；作为橡胶弹性材料具有寿命长、防湿滑、滚动阻力小等优点，是开发高性能绿色轮胎的极好材料。

上述开发思路可以总结为，首先利用杜仲落叶生产杜仲粉用于加工保健品和饲料添加剂，其次用叶渣提取杜仲橡胶，最后用胶渣生产装饰板材等从而形成系列产品开发产业。

二、杜仲雄花的利用与开发

杜仲为雌雄异株树种，其中雄株占40%～60%。杜仲雄花簇生于雄株的当年生枝条基部，花量大，采集容易。在我国现有杜仲资源中，杜仲雄株的面积约为18万公顷，其中进入开花年龄的约5万公顷，年产雄花达1 000吨以上，开发杜仲雄花具有丰富的资源保障。

以前杜仲的雄花仅用作授粉，大量雄花在每年春季完成授粉后就自然脱落，造成杜仲雄花资源的浪费。近年以杜仲雄花的雄蕊和花芽为主要原料研制生产出杜仲雄花茶，向人们提供了一种新的健康饮品。不仅充分利用杜仲雄花资源，而且开拓杜仲综合利用的新途径。杜仲雄花茶与一般杜仲叶茶比较具有以下特点：①杜仲雄花呈天然绿色，雄蕊呈条形，长0.8～1.5厘米，很适合制成天然健康茶。②利用杜仲雄花加工的杜仲雄花茶的茶体呈条形或丛状，不需要和其他茶种配合，具有汤色黄绿、清新微甜、速溶的特点。③杜仲雄花茶完全具备杜仲叶茶所具有的有益人体健康的功能。④杜仲雄花茶无论从茶体、形状、颜色、口感等方面都明显优于杜仲叶茶。目前，杜仲雄花茶加工技术已申请国家发明专利。但是，杜仲雄花茶的开发还处于起步阶段，产品还没有真正进入市场。

三、杜仲木材的利用

杜仲木材材色洁白、有光泽、木质坚韧、不易翘裂、纹理细致、匀称、无边材、心材之分。木材重（气干容重0.762克/立方厘米；干缩小，体积干缩系数0.385%），不易遭虫蛀，是制造多种家具、农具、舟车、建材，以及各种工艺装饰品的良好材料。目前开发的主要产品有杜仲烙花筷、杜仲牙签、杜仲保健按摩器、杜仲擀面杖、高档家具、各种工具把柄等深受广大用户欢迎。

四、杜仲种子的利用

杜仲种子油脂含量为35.5%，富含11种脂肪酸，其主要成分包括亚油酸（10.66%）、油酸（16.9%）、棕榈酸（6.03%）、硬脂酸（1.96%）、亚麻酸（63.15%）等，成分中以不饱和脂肪酸为主，含量高达91.26%，其中尤以亚麻酸含量最高；杜仲种子中氨基酸含量丰富，而且必需氨基酸和半必需氨基酸含量都较高，其他的氨基酸种类也比较齐全。充分利用杜仲种子内氨基酸含量高的优点，将其应用于食品、饲料添加剂、化妆品、香味剂、苦味剂、调味剂、抗氧化剂、医药等方面，将会带来很大的应用价值。

五、杜仲在园林观赏中的应用

杜仲树干笔直，树形优美，对土壤要求不高，不仅可以作为优秀的水土保持树种，还可以应用于园林绿化中，杜仲有2种种内变异类型可以作为观赏园艺的优良树种。

紫叶杜仲，每年春季刚抽生出的嫩枝绿色，嫩叶黄褐色，正面中脉黄绿色；成熟枝条、叶片正面呈紫色，背面和正面中脉为绿色，叶卵形，全株显得十分美观，胜似紫叶李，观赏价值极高。紫叶杜仲富含绿原酸和总黄酮，还可作为优良药用品种，可在全国杜仲主产区和园林风景区（点）进行示范推广。

叶丛枝杜仲，叶片密，叶柄短小，枝条节间短，为普通杜仲的1/3～1/2，呈莲座状的短枝，枝条粗壮呈棱形，冠形紧凑，分枝角度小，仅为25°～35°，枝叶密集葱郁，秀丽别致，可作为园林观赏树种。

附件　无公害杜仲年周期管理工作历

物候期	月份	技术内容	技术操作要点
休眠期	1～2 月	1. 防治抽条	在冬季喷 2～3 次羧甲基纤维素 50～200 倍液，可效防止抽条发生。使用植物保水剂（石蜡乳化液）喷树体，形成一层既能防止水分蒸发，又不影响枝条正常呼吸作用的白色保护膜。
		2. 整枝修剪	适当剪去下部一些侧枝及根部萌蘖枝，使主干生长粗直健壮。
萌芽期及花期	3～4 月	1. 撒种	催芽法主要有温水浸种、混湿沙冻藏催芽法，混湿沙地下层积催芽法，温水浸种、混沙增温催芽法，赤霉素处理催芽法，剪截种翅。大田播种方法分为点播、条播和撒播 3 种。
		2. 采集雄花	采摘时，雄蕊与萌芽分开放，然后将丛状雄花的每个雄蕊分开，以便于杀青，并使雄花茶茶体形状美观。经过细致筛选的杜仲雄花放干净的干燥通风处摊晾 12～24 小时，摊晾后的杜仲雄花可进行雄花茶加工。如果产花量大暂时来不及加工的，可进行低温贮藏保鲜，保鲜温度 2～5℃。
		3. 雄花茶园整形修剪	结合杜仲雄花的采集，在开花枝条基部以上第 4～6 个芽处将枝条截短，对过密枝或衰弱枝从该枝条基部疏除，在剪掉的枝条上收集雄花。修剪后的树形可根据栽植密度等情况，修剪成圆柱形、自然圆头形

（续）

物候期	月份	技术内容	技术操作要点
萌芽期及花期	3~4月		和自然开心形。
		4. 幼树平桩	平茬时间在落叶后至春季萌芽前10天进行。平茬部位在地面以上的2~4厘米处。苗高2米以上的2年生苗圃平茬苗或嫁接苗，栽植后不再进行平茬。
		5. 栽植种苗	同秋栽。
		6. 施肥	每亩用腐熟人畜粪尿300~400千克或尿素3~4千克兑水穴施。
		7. 嫩枝扦插	于春夏之交，剪取1年生嫩枝，剪成长5~6厘米的插条，插入苗床，入土深2~3厘米，在土壤温度21~25℃时，经15~30天即可生根。如用0.05毫升/升的萘乙酸处理插条24小时，成活率可达80%以上。
生长高峰期	5~7月	1. 树皮环剥	最好在阴而无雨的天气进行。
		2. 剥面保护	对裸露的幼嫩细胞不要用手触摸，也不能发生机械损伤，剥皮前应砍去树干周围50厘米范围内的灌木和杂草。
		3. 防治烂皮病	如发现烂皮病斑，用药棉蘸500倍退菌特（或多菌灵、甲基托布津等杀菌农药）药液轻涂于病斑处，将剥面重新扎好。
		4. 产地加工	树皮采收后用沸水烫后，展平，将皮的内面双双相对，层层重叠压紧平放在以稻草垫底的平地上，上盖木板，加重物压实，四周加草围紧，使其“发汗”，约经1周，内皮呈暗紫色时可取出晒干，刮去表面粗皮，修切整齐即可。
		5. 拿枝	杜仲幼嫩枝条较脆、易断，拿枝时要小心谨慎，宜从枝条基部开始拿枝，可减少枝条断裂。
		6. 采叶园修剪	药用采叶园，5、7、10月每次将所有萌条留3~5厘米重截，采收树叶，最后一次采叶应在霜降以后；胶用杜仲采叶园，每

（续）

物候期	月份	技术内容	技术操作要点
生长高峰期	5~7月		年10月中、下旬短截采叶1次。
		7. 嫁接	带木质嵌芽接、带木质芽片贴接、方块芽接、“¬”形芽接、切接、劈接和插皮接等。
		8. 除草	一般于4月上旬结合施肥进行第一次中耕除草，5~7月为生长高峰期，可于5~6月上旬进行第二次中耕除草。
		9. 刨树盘	南方在6月中下旬，北方地区宜在7月份雨季，可清除杂草，松土蓄水，还可结合追肥进行。
		10. 防治立枯病	发病期4~6月，防治参照根腐病。
		11. 防治角斑病	每年4~5月开始发病，7~8月发病较重。本病的防治关键在于加强田间管理，增施磷钾肥，增强植株抗病力。发病初期喷施1:1:100波尔多液，连喷2~3次，间隔期7~10天。
		12. 防治褐斑病	4月上旬至5月中旬开始发病，7~8月为发病盛期。发病期用50%多菌灵可湿性粉剂500倍液、75%百菌清可湿性粉剂600倍液或64%杀毒矾可湿性粉剂500倍液、50%托布津400~600倍液、50%退菌特400~600倍液、65%代森锌600倍液交替喷施2~3次，间隔期7~10天。
		13. 防治灰斑病	发病初期，喷洒50%托布津或50%退菌特400~600倍液，或25%多菌灵1 000倍液。
		14. 防治枝枯病	一般4~6月开始发生，7~8月为发病高峰期。促进林木生长健壮，药剂涂抹修剪伤口，是防治本病的重要措施。对感病枝进行修剪，并连同健康部剪去一段，伤口用50%退菌特可湿性粉剂200倍液喷雾，或用波尔多液涂抹剪口。发病初期可喷施65%代森锌可湿性粉剂400~500倍液。

附件 无公害杜仲年周期管理工作历

（续）

物候期	月份	技术内容	技术操作要点
果实速长期	8月	1. 采叶	供药用树叶，8月是采叶最佳时期。应去叶柄，剔除枯叶、虫口、残叶，晒干后可出售。如要提取杜仲胶，采叶时间在10月份正落叶时采，连柄一起直接集中晒干，送到制药单位加工。
		2. 防治根腐病	发病期6～8月，发病初期，可喷施50%托布津400～800倍液或50%退菌特500倍液或25%多菌灵800倍液，均有良好的效果。已经死亡的幼苗或幼树要立即挖除烧毁，并在发病处施药杀菌。
		3. 防治刺蛾	幼虫发生期为7月中旬至8月下旬。人工消灭越冬茧，幼虫发生期喷施50%辛硫磷800倍液。
果实采收期	9～10月	1. 适时采收	采种应选择晴天进行，尽可能用手采摘，或者在树下铺上大块塑料布，然后用竹竿把种子轻轻打落。
		2. 正确晾晒	置于室外阴凉通风处晾干。摊晾厚度5～10厘米，每2～3小时上下翻动一次，一般晾晒两天后即可贮藏。
		3. 合理贮藏	低温、密闭条件下有利于种子较长时间保持发芽率。
		4. 深翻	深翻过程中要结合施底肥，以熟化土壤。先将不易腐烂的树枝、硬秸草等分层次施入深翻层的底部。
		5. 施肥	基肥以农家肥、人粪尿、饼肥为主，也可施过磷酸钙、复合肥、磷酸二铵等。
树体营养积累期	10～11月	1. 栽植种苗	栽植前将混好肥料的表土大部分填入沟、穴内，至离地面5厘米，将苗木放于栽植沟或栽植穴中间，纵横对直。剩余的混合土轻轻从上向下撒在根上，边填土边提苗边踏实，使根土密接。

（续）

物候期	月份	技术内容	技术操作要点
树体营养积累期	10～11月	2. 培土	松土，培土，铺上落叶或杂草适量，既可保温防冻，又增添了有机肥。
		3. 刨树盘	北方在土壤封冻前进行，有利于熟化土壤、消灭越冬病虫害，这时刨树盘可结合消除园内枯枝、病虫枝进行。
休眠期	12月	同1～2月	

主要参考文献

董娟娥，杜红岩，张康健 . 2008. 观赏与药用杜仲无性系的选择［J］. 林业科学，44（5）：165 ~ 170.

杜红岩，谢碧霞，邵松梅 . 2003. 杜仲胶的研究进展与发展前景［J］. 中南林学院学报，1000 - 2502（2003）04 - 0095 - 05.

杜红岩主编 . 1996. 杜仲优质高产栽培［M］. 中国林业出版社 .

杜红岩 . 1994. 华仲 1 号绍 5 个杜仲优良无性系的选育 . 西北林学院学报，9（4）：27 ~ 31.

杜红岩 . 1997. 我国杜仲变异类型的研究［J］. 经济林研究，15（3）：34 ~ 37.

段小华，邓泽元，朱笃 . 2010. 杜仲种子脂肪酸及氨基酸分析［J］. 食品科学，31（04）：214 ~ 217.

李芳东，杨红岩编著 . 2001. 杜仲［M］. 中国中医药出版社 .

李瑞岭 . 1994. 浅析杜仲保健品的研究与开发，第三届全国杜仲综合开发学术研讨会材料 .

王康才，刘丽编著 . 2003. 杜仲、黄柏高效种植［M］. 中原农民出版社 .

曾令祥 . 2004. 杜仲主要病虫害及防治技术［B］. 贵州农业科学，32（3）：75 ~ 77.

曾庆楣 . 1993. 杜仲、厚朴、黄柏栽培与加工技术［M］. 天津教育出版社 .

张博勇，张康健，张檀等 . 2004. 秦仲 1 ~ 4 号优良品种选育研究［J］. 西北林学院学报，19（3）：18 ~ 20.